建筑业农民工职业技能培训教材

幕 墙 制 作 工

建设部干部学院　主编

U0248186

华中科技大学出版社

中国·武汉

内 容 提 要

本书是按原建设部、劳动和社会保障部发布的《职业技能标准》、《职业技能岗位鉴定规范》内容,结合农民工实际情况,系统地介绍了幕墙制作工的基础知识以及工作中常用材料、机具设备、基本施工工艺、操作技术要点、施工质量验收要求、安全操作技术等。主要内容包括建筑幕墙基础知识,建筑幕墙材料,幕墙加工常用设备,加工制作,幕墙工职业健康安全与班组管理。本书做到了技术内容最新、最实用,文字通俗易懂,语言生动,并辅以大量直观的图表,能满足不同文化层次的技术工人和读者的需要。

本书是建筑业农民工职业技能培训教材,也适合建筑工人自学以及高职、中职学生参考使用。

图书在版编目(CIP)数据

幕墙制作工/建设部干部学院 主编
—武汉:华中科技大学出版社,2009.5
建筑业农民工职业技能培训教材.
ISBN 978-7-5609-5291-8

Ⅰ.幕… Ⅱ.建… Ⅲ.幕墙—工程施工—技术培训—教材 Ⅳ.TU767

中国版本图书馆 CIP 数据核字(2009)第 049515 号

幕墙制作工   建设部干部学院 主编

责任编辑:杜海燕   封面设计:张 璐
                        责任监印:张正林

出版发行:华中科技大学出版社(中国·武汉)武昌喻家山
邮 编:430074
发行电话:(022)60266190   60266199(兼传真)
网 址:www.hustpas.com

印 刷:湖北新华印务有限公司

开本:710mm×1000mm 1/16   印张:6.75   字数:145 千字
版次:2009 年 5 月第 1 版   印次:2015 年 9 月第 4 次印刷   定价:17.00 元
ISBN 978-7-5609-5291-8/TU·580

《建筑业农民工职业技能培训教材》
编审委员会名单

主编单位:建设部干部学院

编 审 组:(排名按姓氏拼音为序)

边 嫘　　邓祥发　　丁绍祥　　方展和　　耿承达

郭志均　　洪立波　　籍晋元　　焦建国　　李鸿飞

彭爱京　　祁政敏　　史新华　　孙 威　　王庆生

王 磊　　王维子　　王振生　　吴月华　　萧 宏

熊爱华　　张隆新　　张维德

前　言

为贯彻落实《就业促进法》和(国发〔2008〕5 号)《国务院关于做好促进就业工作的通知》文件精神,根据住房和城乡建设部〔建人(2008)109 号〕《关于印发建筑业农民工技能培训示范工程实施意见的通知》要求,建设部干部学院组织专家、工程技术人员和相关培训机构教师编写了这套《建筑业农民工职业技能培训教材》系列丛书。

丛书结合原建设部、劳动和社会保障部发布的《职业技能标准》、《职业技能岗位鉴定规范》,以实现全面提高建设领域职工队伍整体素质,加快培养具有熟练操作技能的技术工人,尤其是加快提高建筑业农民工职业技能水平,保证建筑工程质量和安全,促进广大农民工就业为目标,按照国家职业资格等级划分的五级:职业资格五级(初级工)、职业资格四级(中级工)、职业资格三级(高级工)、职业资格二级(技师)、职业资格一级(高级技师)要求,结合农民工实际情况,具体以"职业资格五级(初级工)"和"职业资格四级(中级工)"为重点而编写,是专为建筑业农民工朋友"量身订制"的一套培训教材。

同时,本套教材不仅涵盖了先进、成熟、实用的建筑工程施工技术,还包括了现代新材料、新技术、新工艺和环境、职业健康安全、节能环保等方面的知识,力求做到了技术内容最新、最实用,文字通俗易懂,语言生动,并辅以大量直观的图表,能满足不同文化层次的技术工人和读者的需要。

丛书分为《建筑工程》、《建筑安装工程》、《建筑装饰装修工程》3 大系列 23 个分册,包括:

一、《建筑工程》系列,11 个分册,分别是《钢筋工》、《建筑电工》、《砌筑工》、《防水工》、《抹灰工》、《混凝土工》、《木工》、《油漆工》、《架子工》、《测量放线工》、《中小型建筑机械操作工》。

二、《建筑安装工程》系列,6 个分册,分别是《电焊工》、《工程电气设备安装调试工》、《管道工》、《安装起重工》、《钳工》、《通风工》。

三、《建筑装饰装修工程》系列,6 个分册,分别是《镶贴工》、《装饰装修木工》、《金属工》、《涂裱工》、《幕墙制作工》、《幕墙安装工》。

本书根据"幕墙制作工"工种职业操作技能,结合在建筑工程中实际的应用,针对建筑工程施工材料、机具、施工工艺、质量要求、安全操作技术等做了具体、详细的阐述。本书内容包括建筑幕墙基础知识,建筑幕墙材料,幕墙加工常用设备,加工制作,幕墙工职业健康安全与班组管理。

本书对于正在进行大规模基础设施建设和房屋建筑工程的广大农民工人和技术人员都将具有很好的指导意义和极大的帮助,不仅极大地提高工人操作技能水平和职业安全水平,更对保证建筑工程施工质量,促进建筑安装工程施工新技术、新工艺、新材料的推广与应用都有很好的推动作用。

由于时间限制,以及编者水平有限,本书难免有疏漏和谬误之处,欢迎广大读者批评指正,以便本丛书再版时修订。

编　者
2009 年 4 月

目　录

第一章 建筑幕墙基础知识

建筑幕墙是由支承结构体系与面板组成的、可相对主体结构有一定位移能力、不分担主体结构荷载与作用的建筑外围护结构或装饰性结构。

建筑幕墙不同于一般的外墙,它具有以下三个特点。

(1)建筑幕墙是完整的结构体系,直接承受施加于其上的荷载和作用,并传递到主体结构上。有框幕墙多数情况下由面板、横梁(次梁)和立柱构成;点支幕墙由面板和支承钢结构组成。

(2)建筑幕墙应包封主体结构,不使主体结构外露。

(3)建筑幕墙通常与主体结构采用可动连接,竖向幕墙通常悬挂在主体结构上。当主体结构位移时,幕墙相对于主体结构可以活动。

由于有上述特点,幕墙首先是结构,具有承载功能;然后是外装,具有美观和建筑功能。

第一节 建筑幕墙结构及规范标准知识

一、幕墙的分类

(1)按建筑幕墙的面板材料分类。

1)玻璃幕墙。

①框支承玻璃幕墙。玻璃面板周边由金属框架支承的玻璃幕墙,主要包括下列类型。

　a. 明框玻璃幕墙。金属框架的构件显露于面板外表面的框支承玻璃幕墙;

　b. 隐框玻璃幕墙。金属框架完全不显露于面板外表面的框支承玻璃幕墙;

　c. 半隐框玻璃幕墙。金属框架的竖向或横向构件显露于面板外表面的框支承玻璃幕墙。

②全玻璃幕墙。由玻璃肋和玻璃面板构成的玻璃幕墙。

③点支承玻璃幕墙。由玻璃面板、点支承装置和支承结构构成的玻璃幕墙。

2)金属幕墙。面板为金属板材的建筑幕墙,主要包括:单层铝板幕墙、铝塑复合板幕墙、蜂窝铝板幕墙、不锈钢板幕墙、搪瓷板幕墙等。

3)石材幕墙。面板为建筑石材板的建筑幕墙。

4)人造板材幕墙。面板由瓷板、陶板、微晶玻璃板等。

5)组合幕墙。面板由玻璃、金属、石材、人造板材等不同面板组成的建筑幕墙。

（2）按幕墙施工方法分类。

1）单元式幕墙。将面板与金属框架（横梁、立柱）在工厂组装为幕墙单元，以幕墙单元形式在现场完成安装施工的框支承建筑幕墙（一般的单元板块高度为一个楼层的层高）。

2）构件式幕墙。在现场依次安装立柱、横梁和面板的框支承建筑幕墙。

（3）新型幕墙。

有双层幕墙、光电幕墙等。

（4）幕墙节能工程的基本概念。

1）从节能工程的角度考虑，建筑幕墙可分为透明幕墙和非透明幕墙两种。透明幕墙是指可见光直接透射入室内的幕墙，一般指各类玻璃幕墙；非透明幕墙指各类金属幕墙、石材幕墙、人造板材幕墙及玻璃幕墙中部分非透明幕墙（如用于层间的玻璃幕墙）等。

2）透明幕墙的主要热工性能指标有传热系数和遮阳系数两项，其他还有可见光透射比等指标；非透明幕墙的热工指标主要是传热系数。

3）在热工指标中，传热系数与导热系数是容易混淆的两个不同概念。传热系数是指在稳态条件下，围护结构（如外墙、幕墙）两侧空气温度差为 $1℃$，1 小时内通过 $1 m^2$ 面积传递的热量；导热系数是指稳态条件下，1 m 厚的物体（如玻璃、混凝土）两侧温度差为 $1℃$，1 小时内通过 $1 m^2$ 面积传递的热量。前者是衡量围护结构的热工指标；后者是衡量各种建筑材料的热工指标。

4）节能幕墙一般采用隔热型材、中空玻璃（中空低辐射镀膜玻璃等）、高性能密封材料、优质五金件（多点锁等）以及采取相应的保温或遮阳设施，但不是采用了其中一种或多种材料或设施，就可称为节能幕墙。幕墙的各项热工指标满足《建筑节能工程施工质量验收规范》（GB 50411—2007）对该建筑物要求，才可称为节能幕墙。

二、幕墙的构造

幕墙结构如图 1-1 所示，由面板构成的幕墙构件连接在横梁上，横梁连接到立柱上，立柱悬挂在主体结构上。为在温度变化和主体结构侧移时使立柱有变形的余地，立柱上下由活动接头连接，立柱各段可以相对移动。

1. 玻璃幕墙的构造

（1）全隐框玻璃幕墙。

全隐框玻璃幕墙的构造是在铝合金构件组成的框格上固定玻璃框，玻璃框的上框挂在铝合金整个框格体系的横梁上，其余三边分别用不同方法固定在立柱及横梁上。玻璃用结构胶预先粘贴在玻璃框上。玻璃框之间用结构密封胶密

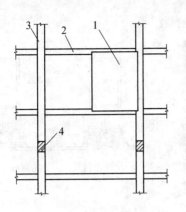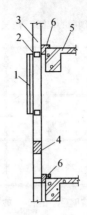

图 1-1 幕墙组成示意图

1—幕墙构件;2—横梁;3—立柱;4—立柱活动接头;5—主体结构;6—立柱悬挂点

封。玻璃为各种颜色镀膜镜面反射玻璃,玻璃框及铝合金框格体系均隐在玻璃后面,从外侧看不到铝合金框,形成一个大面积的有颜色的镜面反射屏幕幕墙,如图 1-2(a)所示。这种幕墙的全部荷载均由玻璃通过胶传给铝合金框架。

(2)半隐框玻璃幕墙。

1)竖隐横不隐玻璃幕墙。

这种玻璃幕墙只有立柱隐在玻璃后面,玻璃安放在横梁的玻璃镶嵌槽内,镶嵌槽外加盖铝合金压板,盖在玻璃外面,如图 1-2(b)所示。这种体系一般在车间将玻璃粘贴在两竖边有安装沟槽的铝合金玻璃框上,将玻璃框竖边再固定在铝合金框格体系的立柱上;玻璃上、下两横边则固定在铝合金框格体系横梁的镶嵌槽中。由于玻璃与玻璃框的胶缝在车间内加工完成,材料粘贴表面洁净有保证,况且玻璃框是在结构胶完全固化后才运往施工现场安装,所以胶缝强度得到保证。

2)横隐竖不隐玻璃幕墙。

这种玻璃幕墙横向采用结构胶粘贴式结构性玻璃装配方法,在专门车间内制作,结构胶固化后运往施工现场;竖向采用玻璃嵌槽内固定。竖边用铝合金压板固定在立柱的玻璃镶嵌槽内,形成从上到下整片玻璃由立柱压板分隔成长条形画面,如图 1-2(c)所示。

(3)明框玻璃幕墙。

1)型钢骨架。

型钢做玻璃幕墙的骨架,玻璃镶嵌在铝合金的框内,然后再将铝合金框与骨架固定。

型钢组合的框架,其网格尺寸可适当加大,但对于主要受弯构件,截面不能太小,挠度最大处宜控制在 5 mm 以内。否则将影响铝窗的玻璃安装,也影响幕墙的外观。

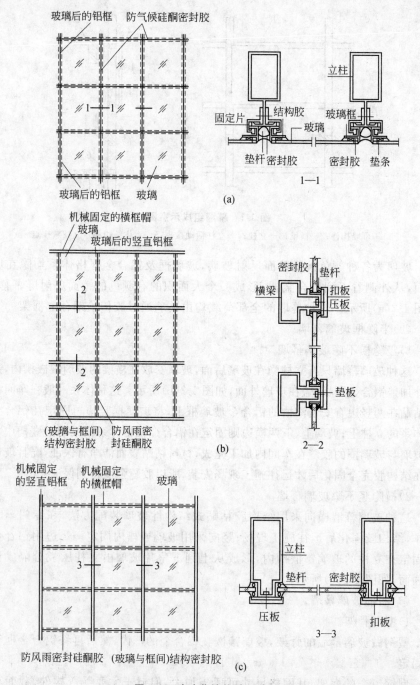

图 1-2 玻璃幕墙构造示意图

(a)全隐框玻璃幕墙;(b)竖隐横不隐玻璃幕墙;(c)横隐竖不隐玻璃幕墙

2）铝合金型材骨架。

用特殊断面的铝合金型材作为玻璃幕墙的骨架，玻璃镶嵌在骨架的凹槽内。玻璃幕墙的立柱与主体结构之间，用连接板固定。

安装玻璃时，先在立柱的内侧上安铝合金压条，然后将玻璃放入凹槽内，再用密封材料密封。支承玻璃的横梁略有倾斜，目的是排除因密封不严而流入凹槽内的雨水。

（4）挂架式玻璃幕墙。

挂架式玻璃幕墙又名点式玻璃幕墙。它采用四爪式不锈钢挂件与立柱相焊接，每块玻璃四角在厂家加工，钻 4 个 $\phi20$ 孔，挂件的每个爪与 1 块玻璃的 1 个孔相连接，即 1 个挂件同时与 4 块玻璃相连接，或 1 块玻璃固定于 4 个挂件上。

2. 金属幕墙的构造

金属幕墙类似于玻璃幕墙，它是由工厂定制的金属板作为围护墙面，与窗一起组合而成，其构造形式基本上分为附着形和构架形两类。

（1）附着形金属幕墙。

这种构造形式是幕墙作为外墙饰面，直接依附在主体结构墙面上。主体结构墙面基层采用螺帽锁紧螺栓连接 L 形角钢，再根据金属板的尺寸将轻钢型材焊接在 L 形角钢上。在金属之间用 匚 形压条将板固定在轻钢型材上，最后在压条上采用防水嵌缝橡胶填充，如图 1-3 所示。

（2）构架形金属幕墙。

这种幕墙基本上类似隐框玻璃幕墙的构造，即将抗风受力骨架固定在框架结构的楼板、梁或柱上，然后再将轻钢型材固定在受力骨架上。金属板的固定方式与附着形金属幕墙相同。如图 1-4 所示。

3. 石材幕墙的构造

石材幕墙干挂法的构造基本分为以下几大类：即直接干挂式、骨架干挂式、单元体干挂式和预制复合板干挂式，前三类多用于混凝土结构基体，后者多用于钢结构工程。

（1）直接干挂式石材幕墙构造。

直接干挂法是目前常用的石材幕墙做法，是将被安装的石材饰面板通过金属挂件直接安装固定在主体结构外墙上，如图 1-5 所示。

（2）骨架干挂式石材幕墙构造。

骨架干挂式石材幕墙主要用于主体为框架结构，因为轻质填充墙体不能作为承重结构。它是通过金属骨架与主体结构梁、柱（或圈梁）连接，通过干挂件将石板饰面悬挂，如图 1-6 所示。金属骨架应能承受石材幕墙自重及风载、地震力和温度应力，并能防腐蚀，国外多采用铝合金骨架。

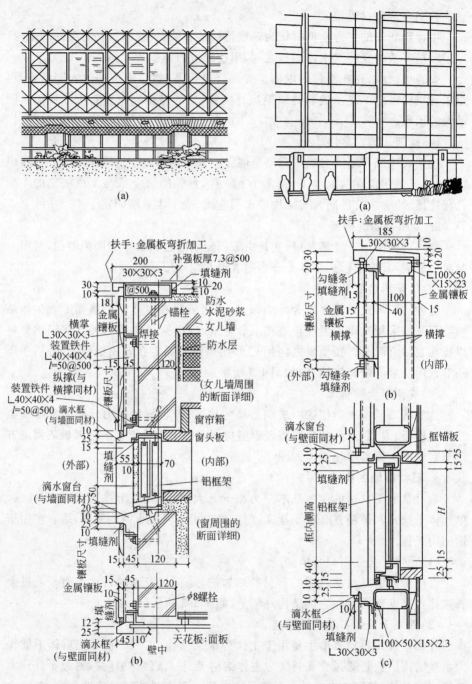

图 1-3 附着形金属幕墙构造

(a)透视图；(b)构造节点详图

图 1-4 构架式金属幕墙构造

(a)透视图；(b)女儿墙周围的构造；(c)窗周围的构造

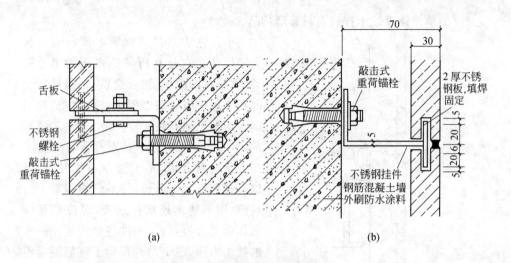

(a)　　　　　　　　　　　　(b)

图 1-5　直接干挂式石材幕墙构造

(a)二次直接法；(b)直接做法

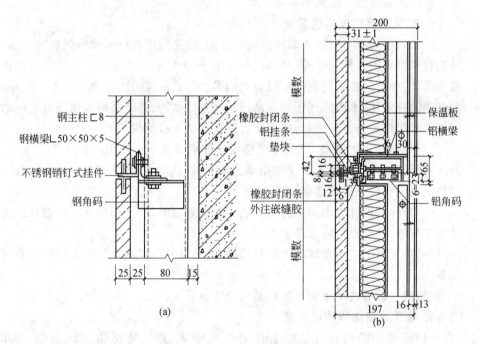

图 1-6　骨架干挂式石材幕墙构造

(a)不设保温层；(b)设保温层；

注：保温材料用镀锌薄钢板封包。

(3)单元体直接干挂式石材幕墙构造。

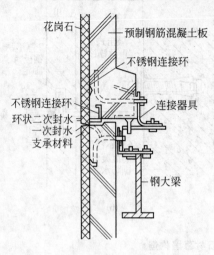

花岗石　预制钢筋混凝土板

不锈钢连接环

不锈钢连接环
环状二次封水
一次封水
支承材料

连接器具

钢大梁

图 1-7　预制复合板干挂石材幕墙构造

单元体法是目前世界上流行的一种先进做法。它是利用特殊强化的组合框架，将石材饰面板、铝合金窗、保温层等全部在工厂中组装在框架上，然后将整片墙面运送至工地安装。

(4)预制复合板干挂石材幕墙构造。

预制复合板，是干法作业的发展，是以石材薄板为饰面板，钢筋细石混凝土为衬模，用不锈钢连接件连接，经浇筑预制成饰面复合板，用连接件与结构连成一体的施工方法(图 1-7)。可用于钢筋混凝土或钢结构的高层和超高层建筑。其特点是安装方便、速度快，可节约天然石材，但对连接件的质量要求较高。

4. 建筑幕墙防火构造要求

(1)幕墙与各层楼板、隔墙外沿间的缝隙，应采用不燃材料或难燃材料封堵，填充材料可采用岩棉或矿棉，其厚度不应小于 100 mm，并应满足设计的耐火极限要求，在楼层间和房间之间形成防火烟带。防火层应采用厚度不小于 1.5 mm 的镀锌钢板承托，不得采用铝板。承托板与主体结构、幕墙结构及承托板之间的缝隙应采用防火密封胶密封；防火密封胶应有法定检测机构的防火检验报告。

(2)无窗槛墙的幕墙，应在每层楼板的外沿设置耐火极限不低于 1.0 小时、高度不低于 0.8 m 的不燃烧实体裙墙或防火玻璃墙。在计算裙墙高度时可计入钢筋混凝土楼板厚度或边梁高度。

(3)当建筑设计要求防火分区分隔有通透效果时，可采用单片防火玻璃或由其加工成的中空、夹层防火玻璃。

(4)防火层不应与幕墙玻璃直接接触，防火材料朝玻璃面处宜采用装饰材料覆盖。

(5)同一幕墙玻璃单元不应跨越两个防火分区。

5. 建筑幕墙防雷构造要求

(1)幕墙的防雷设计应符合国家现行标准《建筑物防雷设计规范》(GB 50057—2010)和《民用建筑电气设计规范》(JGJ 16—2008)的有关规定。

(2)幕墙的金属框架应与主体结构的防雷体系可靠连接。

(3)幕墙的铝合金立柱，在不大于 10 m 范围内宜有一根立柱采用柔性导线，把每个上柱与下柱的连接处连通。导线截面积铜质不宜小于 25 mm²，铝质不宜小于 30 mm²。

（4）主体结构有水平均压环的楼层，对应导电通路的立柱预埋件或固定件应用圆钢或扁钢与均压环焊接连通，形成防雷通路。圆钢直径不宜小于 12 mm，扁钢截面不宜小于 5 mm×40 mm。避雷接地一般每三层与均压环连接。

（5）兼有防雷功能的幕墙压顶板宜采用厚度不小于 3 mm 的铝合金板制造，与主体结构屋顶的防雷系统应有效连通。

（6）在有镀膜层的构件上进行防雷连接，应除去其镀膜层。

（7）使用不同材料的防雷连接应避免产生双金属腐蚀。

（8）防雷连接的钢构件在完成后都应进行防锈油漆。

6. 一般建筑幕墙的保温、隔热构造要求

（1）有保温要求的玻璃幕墙应采用中空玻璃，必要时采用隔热铝合金型材；有隔热要求的玻璃幕墙，宜设计适宜的遮阳装置或采用遮阳型玻璃。

（2）玻璃幕墙的保温材料应安装牢固，并应与玻璃保持 30 mm 以上的距离。保温材料填塞应饱满、平整，不留间隙，其填塞密度、厚度应符合设计要求。

（3）玻璃幕墙的保温、隔热层安装内衬板时，内衬板四周宜套装弹性橡胶密封条，内衬板应与构件接缝严密。

（4）在冬季取暖地区，保温面板的隔汽铝箔面应朝向室内；无隔汽铝箔面时，应在室内侧有内衬隔汽板。

（5）金属与石材幕墙的保温材料可与金属板、石板结合在一起，但应与主体结构外表面有 50 mm 以上的空气层（通气层），以供凝结水从幕墙层间排出。

三、幕墙加工制作技术规范及检验标准

幕墙加工制作应符合下列现行国家技术规范和检验标准的规定：

《建筑设计防火规范》（GB 50016—2014）；

《建筑物防雷设计规范》（GB 50057—2010）；

《钢结构设计规范》（GB 50017—2003）；

《建筑抗震设计规范》（GB 50011—2010）；

《建筑结构荷载规范》（GB 50009—2012）；

《建筑结构可靠度设计统一标准》（GB 50068—2001）；

《建筑钢结构焊接技术规程》（JGJ 81—2002）；

《玻璃幕墙工程技术规范》（JGJ 102—2003）；

《建筑玻璃应用技术规程》（JGJ 113—2009）；

《建筑幕墙》（GB/T 21086—2007）；

《金属与石材幕墙工程技术规范》（JGJ 133—2001）；

《钢结构工程施工质量验收规范》（GB 50205—2001）；

《民用建筑隔声设计规范》(GB 50118—2010);

《高层民用建筑设计防火规范》(GB 50045—1995)(2005 年版);

《玻璃幕墙光学性能》(GB/T 18091—2000);

《建筑装饰装修工程质量验收规范》(GB 50210—2001)。

四、幕墙加工工艺知识

1. 工艺规程(工艺卡)编制的依据

(1)零件的制造图及产品标准、技术条件;

(2)毛坯(型材)的详细资料;

(3)设备的资料,机床说明书;

(4)成品的有关资料说明书;

(5)订货合同;

(6)工艺可行性。

2. 工艺规程(工艺卡)的编写内容

(1)注明产品图号、名称、产品型号、数量;

(3)产品所用材料的名称、牌号、规格、状态、毛料尺寸;

(3)工序简图;

(4)工序技术要求;

(5)操作要点;

(6)工装定位基准;

(7)产品加工工序的先后顺序及每个工序的加工内容和方法;

(8)选择每个工序所用的机床、工装、工具、量具编号;

(9)检验项目,检测方法、测量工具。

工艺规程(工艺卡)可以针对产品生产过程的不同及工作类别编制各自的工艺规程(工艺卡)。如装配工艺规程(工艺卡)、机械加工工艺规程(工艺卡)、冲压工艺规程(工艺卡)、注胶工艺规程(工艺卡)等。

工艺规程(工艺卡)的繁简程度根据生产类型不同而不同,如单件生产时可编制的简单些,只需要制定加工工序的先后顺序,即所谓"工艺路线",而成批生产时则要求编制的更为详尽,将工序内容具体编订出来,关键工序应有工序草图。

工序规程应一个图号编一份工艺文件,同一种装配编一份装配工艺规程(工艺卡),每类零件编一份加工工艺规程(工艺卡)。

工艺规程(工艺卡)文件的格式各个企业都不相同,可以按照自己企业的特点和惯用格式予以规定。

第二节　幕墙施工图

幕墙是由玻璃、金属板、石板、钢(铝)骨架、螺栓、铆钉、焊缝等连接件组成的。由于这些内容的存在,因此幕墙施工图中常出现建筑和机械两种制图标准并存的局面。立面图和平面图可采用建筑制图标准;节点图、加工图可采用机械制图标准。

一、幕墙施工图的组成

(1)图纸目录。

(2)设计说明。

(3)平面图(主平面图、局部平面图、预埋件平面图)。

(4)立面图(主立面图、局部立面图)。

(5)剖面图(主剖面图、局部剖面图)。

(6)节点图:

1)立柱、横梁主节点图;

2)立柱和横梁连接节点图;

3)开启扇连接节点图;

4)不同类型幕墙转接节点图;

5)平面和立面、转角、阴角、阳角节点图;

6)封顶、封边、封底等封口节点图;

7)典型防火节点图;

8)典型防雷节点图;

9)沉降缝、伸缩缝和抗震缝的处理节点图;

10)预埋件节点图;

11)其他特殊节点图。

(7)零件图。

二、幕墙施工图的编号方法

幕墙施工图编号方法目前尚无统一规定,现以某大型幕墙装饰工程有限公司的企业标准为例。

(1)幕墙及门窗工程施工图纸的编号方法以"BS—LM—01"为例,其中:

1)"BS"为工程代号、多以工程名称的两个或三个特征词的第一个拼音字母表示;

2)"LM"为分类代号,代表图纸的内容,见表1-1。

3)"01"为序号。

表1-1 分类代号表示法

图纸目录	平面图	立面图	大样图	预埋件平面布置图	钢架结构图	节点图	轴侧图
ML	PM	LM	DY	YM	GJ	*JD	ZC

(2)幕墙工程加工图纸的编号方法以"BS—JGT—LB—01"为例,其中:

1)"BS"为工程代号,同上;

2)"JGT"为图纸分类代号,加工图用"JGT"表示、组件装配图用"ZJ"表示、零件图用"LJ"表示、开模图用"MT"表示;

3)"LB"为材料分类代号,以加工材料的两个或三个特征词的第一个拼音字母表示。常用材料的编号表示方法见表1-2。

表1-2 幕墙材料分类代号表示法

铝板	玻璃	立柱	横梁	芯套	蜂窝铝板	压块	铝框	横梁盖板
LB	BL	LZ	HL	XT	FB	YK	LK	GB

(3)铝合金门窗工程加工图纸的编号方法以"BS—60TLC—S—01"为例,其中:

1)"BS"为工程代号,同上;

2)"60TLC"为门、窗代号,表示60系列推拉铝合金窗。其他门、窗代号见表1-3。

表1-3 基本门、窗代号表示法

名称	固定窗	平开窗	上悬窗	推拉窗	纱扇	平开门	推拉门	地弹簧门
代号	GLC	PLC	SLC	TLC	S	PLM	TLM	LDHM

三、幕墙施工图的符号和图例

(1)幕墙施工图索引符号、详图符号、引出线、剖切符号、断面符号、定位轴线符号与《房屋建筑制图统一标准》(GB/T 50001—2010)相同。

(2)幕墙施工图中混凝土、钢筋混凝土、砂、瓷砖、天然石材、毛石、空心砖、玻璃、金属、砖、塑料等图例与《房屋建筑制图统一标准》(GB/T 50001—2010)相同;型钢图例与《建筑结构制图标准》(GB/T 50105—2010)相同,见表1-4;门、窗图例与《建筑制图标准》(GB/T 50104—2010)相同。

（3）常用幕墙材料图例、常用幕墙紧固件图例目前尚无统一标准，现以某大型幕墙装饰工程有限公司的企业标准为例，见表1-5和表1-6。此两表图例仅供参考，图例表示的材料应参看图纸说明。

表1-4　　　　　　　　　　常用型钢的标注方法

序号	名　称	截　面	标　注	说　明
1	等边角钢	└	└$b \times t$	b 为肢宽； t 为肢厚
2	不等边角钢	⌐B	└$B \times b \times t$	B 为长肢宽；b 为短肢宽；t 为肢厚
3	工字钢	I	IN　　QIN	轻型工字钢加注 Q 字；N 为工字钢的型号
4	槽钢	[	[N　　Q[N	轻型槽钢加注 Q 字；N 为槽钢的型号
5	方钢	▨ b	□b	
6	扁钢	⊢ b ⊣	—$b \times t$	
7	钢板	——	$\dfrac{-b \times t}{l}$	宽×厚 板长
8	圆钢	⊘	ϕd	
9	钢管	○	$DN \times \times$ $d \times t$	内径 外径×壁厚
10	薄壁方钢管	□	B□$b \times t$	

表 1-5 常用幕墙材料图例

序号	名 称	图 例	序号	名 称	图 例
1	聚乙烯发泡填料(HEX)		7	焊缝	（平面、立面） （侧面、剖面）
2	结构胶(ANS137)				
3	耐候性密封胶(DOTS)		8	玻璃	
4	密封胶条(ANS137)		9	中空玻璃芯(HEX)	
5	双面胶条		10	岩棉	
6	隔热条(ANS138)		11	窗台板(ANS134)	

表 1-6 常用幕墙紧固件图例

序号	名 称	图 例	序号	名 称	图 例
1	十字槽盘头螺钉		3	开槽盘头螺钉	
	简图			简图	
2	十字槽沉头螺钉		4	开槽沉头螺钉	
	简图			简图	

续表

序号	名　称	图　例	序号	名　称	图　例
5	开槽半沉头螺钉		10	膨胀螺栓	
	简图			简图	
6	十字槽盘头自攻螺钉		11	内六角圆柱头螺钉	
	简图		12	六角头螺栓	
7	十字槽沉头自攻螺钉		13	拉钉	
	简图		14	射钉	
8	开槽盘头自攻螺钉		15	螺母	
	简图				
9	开槽沉头自攻螺钉		16	螺母头	
	简图		17	螺钉头	

四、幕墙施工图的尺寸和标高标注

（1）立面图、平面图、剖面图尺寸和标高标注与《房屋建筑制图统一标准》（GB/T 50001—2010）相同。

(2)节点图、零件图可采用机械制图标准,包括下列主要内容。

1)尺寸组成及尺寸线终端形式(图1-8);

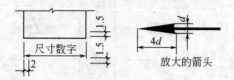

图1-8 尺寸组成

2)尺寸只注首先要保证的尺寸,而不注封闭尺寸(图1-9);

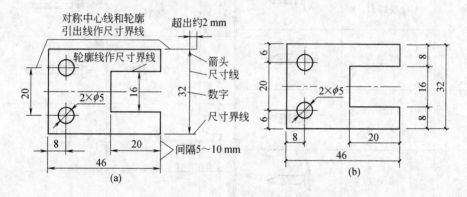

图1-9 两种尺寸注法区别

(a)首先保证尺寸注法;(b)封闭尺寸注法

3)螺栓、螺母、垫圈等常用螺纹紧固件画法、标注(图1-10);

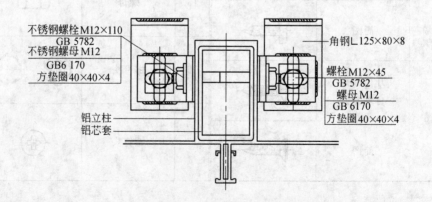

图1-10 常用螺纹紧固件画法、标注(单位:mm)

4)螺孔、光孔、沉孔等常见结构要素的尺寸标注(表1-7);

表 1-7 　　　　　　　　　　　螺孔、光孔、沉孔尺寸标注

零件结构类型		标 注 方 法	说 明
螺孔	通孔	4×M8　　　4×M8　　　4×M8	4×M8 表示有规律分布的四个孔，公称直径为 8mm
光孔	通孔	4×φ5　　　4×φ5　　　4×φ5	4×φ5 表示有规律分布的四个孔，直径为 5mm
沉孔	锥形沉孔	4×φ8 √φ13×90°　4×φ8 √φ13×90°　90° φ13 φ8	

5）用车、铣、磨等加工的零件应标注表面粗糙度（表 1-8）；

表 1-8 　　　　　　　　　表面粗糙度高度参数的注写

代　号	意　义	代　号	意　义
3.2 √	用任何方法获得表面粗糙度，R_a 的上限值为 3.2 μm	3.2 ▽	用去除材料方法获得的表面粗糙度，R_a 的上限值为 3.2 μm

6）尺寸公差的标注（图 1-11）。

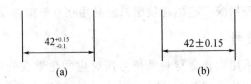

$42^{+0.15}_{-0.1}$　　　　　　42 ± 0.15

(a)　　　　　　　　　(b)

图 1-11　绘制图样上的公差表示法

（a）表示正/负公差的值不相同；（b）表示正/负公差的值相同

第二章　建筑幕墙材料

第一节　概述

一、选材原则

(1)幕墙用材料应符合国家现行标准的有关规定及设计要求。尚无相应标准的材料应符合设计要求,并应有出厂合格证。

幕墙所使用的材料,概括起来,基本上可有四大类材料。即:骨架材料(铝合金型材、钢材、铝木或塑钢复合材料及隔热材料)、板块材料(玻璃、铝板、石板及其他材料)、密封填缝材料、结构黏接材料。作为外围护结构的幕墙,虽然不承受主体结构的荷载,但它处于建筑物的外表面,除承受本身的自重外,还要承受风荷载、地震作用和温度变化作用的影响。因此,要求幕墙必须安全可靠,所以,要求幕墙使用的材料都应该符合国家或行业标准规定的质量指标,少量暂时还没有国家或行业标准的材料,可按国外先进国家同类产品标准要求,生产企业制定企业标准作为产品质量控制依据。

(2)幕墙应选用耐气候性的材料。金属材料和金属零配件除不锈钢及耐候钢外,钢材应进行表面热浸镀锌处理、无机富锌涂料处理或采取其他有效的防腐措施,铝合金材料应进行表面阳极氧化、电泳涂漆、粉末喷涂或氟碳漆喷涂处理。

(3)幕墙材料宜采用不燃性材料或难燃性材料;防火密封构造应采用防火密封材料。

(4)隐框和半隐框玻璃幕墙。其玻璃与铝型材的黏结必须采用中性硅酮结构密封胶;全玻幕墙和点支承幕墙采用镀膜玻璃时,不应采用酸性硅酮结构密封胶黏结。

(5)硅酮结构密封胶和硅酮建筑密封胶必须在有效期内使用。

二、铝合金材料

(1)玻璃幕墙采用铝合金材料的牌号所对应的化学成分应符合现行国家标准《变形铝及铝合金化学成分》(GB/T 3190—2008)的有关规定,铝合金型材质量应符合现行国家标准《铝合金建筑型材》(GB/T 5237.1~6—2008)的规定,型材尺寸允许偏差应达到高精级或超高精级。

(2)玻璃幕墙工程使用的铝合金型材,应进行壁厚、膜厚、硬度和表面质量的检验。

1)用于横梁、立柱等主要受力杆件的截面受力部位的铝合金型材壁厚实测值不得小于 3 mm。

壁厚的检验,应采用分辨率为 0.05 mm 的游标卡尺或分辨率为 0.1 mm 的金属测厚仪在杆件同一截面的不同部位测量,测点不应少于 5 个,并取最小值。

2)铝合金型材采用阳极氧化、电泳涂漆、粉末喷涂、氟碳漆喷涂进行表面处理时,应符合现行国家标准《铝合金建筑型材》(GB/T 5237.1～6—2008)规定的质量要求,表面处理层的厚度应满足表 2-1 的要求。

表 2-1　　　　　　　　　铝合金型材表面处理层的厚度

表面处理方法		膜厚级别 (涂层种类)	厚度 $t/\mu m$	
			平均膜厚	局部膜厚
阳极氧化		不低于 AA15	$t \geqslant 15$	$t \geqslant 12$
电泳涂漆	阳极氧化膜	B	$t \geqslant 10$	$t \geqslant 8$
	漆膜	B	—	$t \geqslant 7$
	复合膜	B	—	$t \geqslant 16$
粉末喷涂				$40 \leqslant t \leqslant 120$
氟碳喷涂			$t \geqslant 40$	$t \geqslant 34$

检验膜厚,应采用分辨率为 $0.5\mu m$ 的膜厚检测仪检测。每个杆件在装饰面不同部位的测点不应少于 5 个,同一测点应测量 5 次,取平均值,修约至整数。

3)玻璃幕墙工程使用 6063T5 型材的韦氏硬度值,不得小于 8;6063AT5 型材的韦氏硬度值,不得小于 10。

硬度的检验,应采用韦氏硬度计测量型材表面硬度。型材表面的涂层应清除干净,测点不应少于 3 个,并应以至少 3 点的测量值,取平均值,修约至 0.5 个单位值。

4)铝合金型材表面质量,应符合下列规定。

①型材表面应清洁,色泽应均匀。

②型材表面不应有皱纹、起皮、腐蚀斑点、气泡、电灼伤、流痕、发黏以及膜(涂)层脱落等缺陷存在。

表面质量的检验,应在自然散射光条件小,不使用放大镜,观察检查。

(3)用穿条工艺生产的隔热铝型材,其隔热材料应使用 PA66GF25(聚酰胺66+25 玻璃纤维)材料,不得采用 PVC 材料。用浇注工艺生产的隔热铝型材,其隔热材料应使用 PUR(聚氨基甲酸乙酯)材料。连接部位的抗剪强度必须满足设计要求。

(4)与玻璃幕墙配套用铝合金门窗应符合现行国家标准《铝合金门窗》(GB/T 8478—2008)的规定。

(5)与玻璃幕墙配套用附件及紧固件应符合下列现行国家标准的规定：

《地弹簧》(QB/T 2697—2013)；

《平开铝合金窗执手》(QB/T 3886—1999)；

《铝合金窗不锈钢滑撑》(QB/T 3888—1999)；

《铝合金门插销》(QB/T 3885—1999)；

《铝合金窗撑挡》(QB/T 3887—1999)；

《铝合金门窗拉手》(QB/T 3889—1999)；

《铝合金窗锁》(QB/T 3890—1999)；

《铝合金门锁》(QB/T 3891—1999)；

《闭门器》(QB/T 2698—2013)；

《推拉铝合金门窗用滑轮》(QB/T 3892—1999)；

《紧固件 螺栓和螺钉》(GB/T 5277—1985)；

《十字槽盘头螺钉》(GB/T 818—2000)；

《紧固件机械性能 螺栓 螺钉和螺柱》(GB/T 3098.1—2010)；

《紧固件机械性能 螺母 粗牙螺纹》(GB/T 3098.2—2000)；

《紧固件机械性能 螺母 细牙螺纹》(GB/T 3098.4—2000)；

《紧固件机械性能 自攻螺钉》(GB/T 3098.5—2000)；

《紧固件机械性能 不锈钢螺栓、螺钉和螺柱》(GB/T 3098.6—2014)；

《紧固件机械性能 不锈钢螺母》(GB/T 3098.15—2014)。

(6)幕墙采用的铝合金板材的表面处理层厚度及材质应符合现行行业标准《建筑幕墙》(GB/T 21086—2007)的有关规定。

(7)铝合金幕墙应根据幕墙面积、使用年限及性能要求，分别选用铝合金单板(简称单层铝板)、铝塑复合板、铝合金蜂窝板(简称蜂窝铝板)；铝合金板材应达到国家相关标准及设计的要求，并应有出厂合格证。

(8)根据防腐、装饰及建筑物的耐久年限的要求，对铝合金板材(单层铝板、铝塑复合板、蜂窝铝板)表面进行氟碳树脂处理时，应符合下列规定：

1)氟碳树脂含量不应低于75%；海边及严重酸雨地区，可采用三道或四道氟碳树脂涂层，其厚度应大于40 μm；其他地区，可采用两道氟碳树脂涂层，其厚度应大于25 μm。

2)氟碳树脂涂层应无起泡、裂纹、剥落等现象。

(9)单层铝板应符合下列现行国家标准的规定，幕墙用单层铝板厚度不应小于2.5 mm。

1)《一般工业用铝及铝合金板、带材 第 1 部分:一般要求》(GB/T 3880.1—2012)。

2)《一般工业用铝及铝合金板、带材 第 2 部分:力学性能》(GB/T 3880.2—2012)。

3)《一般工业用铝及铝合金板、带材 第 3 部分:尺寸偏差》(GB/T 3880.3—2012)。

4)《变形铝及铝合金牌号表示方法》(GB/T 16474—2011)。

5)《变形铝及铝合金状态代号》(GB/T 16475—2008)。

(10)铝塑复合板应符合下列规定。

1)铝塑复合板的上下两层铝合金板的厚度均应为 0.5 mm,其性能应符合现行国家标准《建筑幕墙用铝塑复合板》(GB/T 17748—2008)规定的外墙板的技术要求;铝合金板与夹心层的剥离强度标准值应大于 7 N/mm。

2)幕墙选用普通型聚乙烯铝塑复合板时,必须符合现行国家标准《建筑设计防火规范》(GB 50016—2014)和《高层民用建筑设计防火规范》(GB 50045—95)(2005 版)的规定。

(11)蜂窝铝板应符合下列规定。

1)应根据幕墙的使用功能和耐久年限的要求,分别选用厚度为 10 mm、12 mm、15 mm、20 mm 和 25 mm 的蜂窝铝板。

2)厚度为 10 mm 的蜂窝铝板应由 1 mm 厚的正面铝合金板、0.5~0.8 mm 厚的背面铝合金板及铝蜂窝黏结而成;厚度在 10 mm 以上的蜂窝铝板,其正背面铝合金板厚度均应为 1 mm。

三、钢材

(1)玻璃幕墙用碳素结构钢和低合金结构钢的钢种、牌号和质量等级应符合下列现行国家标准和行业标准的规定:

《碳素结构钢》(GB/T 700—2006);

《优质碳素结构钢》(GB/T 699—1999);

《合金结构钢》(GB/T 3077—1999);

《低合金高强度结构钢》(GB/T 1591—2008);

《碳素结构钢和低合金结构钢热轧薄钢板及钢带》(GB 912—2008);

《碳素结构钢和低合金结构钢热轧厚钢板及钢带》(GB/T 3274—2007);

《结构用无缝钢管》(GB/T 8162—2008)。

(2)玻璃幕墙用不锈钢材宜采用奥氏体不锈钢,且含镍量不应小于 8%。不锈钢材应符合下列现行国家标准、行业标准的规定:

《不锈钢棒》(GB/T 1220—2007);

《不锈钢冷加工棒》(GB/T 4226—2009);

《不锈钢冷轧钢板和钢带》(GB/T 3280—2007);

《不锈钢热轧钢板和钢带》(GB/T 4237—2007);

《耐热钢钢板和钢带》(GB/T 4238—2007)。

(3)玻璃幕墙用耐候钢应符合现行国家标准《耐候结构钢》(GB/T 4171—2008)的规定。

(4)玻璃幕墙用碳素结构钢和低合金高强度结构钢应采取有效的防腐处理,当采用热浸镀锌防腐蚀处理时,锌膜厚度应符合现行国家标准《金属覆盖层 钢铁制品热镀锌层技术要求》(GB/T 13912—2002)的规定。

(5)支承结构用碳素钢和低合金高强度结构钢采用氟碳漆喷涂或聚氨酯漆喷涂时,涂膜的厚度不宜小于 35 μm;在空气污染严重及海滨地区,涂膜厚度不宜小于 45μm。

(6)点支承玻璃幕墙用的不锈钢绞线应符合现行国家标准《冷顶锻用不锈钢丝》(GB/T 4232—2009)、《不锈钢丝》(GB/T 4240—2009)、《不锈钢丝绳》(GB/T 9944—2002)的规定。

(7)点支承玻璃幕墙采用的锚具,其技术要求可按国家现行标准《预应力筋用锚具、夹具和连接器》(GB/T 14370—2007)及《预应力筋用锚具、夹具和连接器应用技术规程》(JGJ 85—2010)的规定执行。

(8)点支承玻璃幕墙的支承装置应符合现行行业标准《点支式玻璃幕墙支承装置》(JG/T 138—2010)的规定;全玻幕墙用的支承装置应符合现行行业标准《点支式玻璃幕墙支承装置》(JG/T 138—2010)和《吊挂式玻璃幕墙支承装置》(JG 139—2001)的规定。

(9)钢材之间进行焊接时,应符合现行国家标准《非合金钢及细晶粒钢焊条》(GB/T 5117—2012)、《热强钢焊条》(GB/T 5118—2012)以及现行行业标准《建筑钢结构焊接技术规程》(JGJ 81—2002)的规定。

四、玻璃

(1)幕墙玻璃的外观质量和性能应符合下列现行国家标准、行业标准的规定:

《建筑用安全玻璃 第2部分:钢化玻璃》(GB 15763.2—2005)。

《半钢化玻璃》(GB/T 17841—2008)。

《建筑用安全玻璃 第3部分:夹层玻璃》(GB 15763.3—2009)。

《中空玻璃》(GB/T 11944—2002)。

《平板玻璃》(GB 11614—1999)。

《建筑用安全玻璃 第1部分:防火玻璃》(GB 15763.1—2001)。

《镀膜玻璃　第1部分　阳光控制镀膜玻璃》(GB/T 18915.1—2013)。

《镀膜玻璃　第2部分　低辐射镀膜玻璃》(GB/T 18915.2—2013)。

(2)玻璃幕墙采用阳光控制镀膜玻璃时,离线法生产的镀膜玻璃应采用真空磁控溅射法生产工艺;在线法生产的镀膜玻璃应采用热喷涂法生产工艺。

(3)玻璃幕墙采用中空玻璃时,除应符合现行国家标准《中空玻璃》(GB 11944—2002)的有关规定外,尚应符合下列规定:

1)中空玻璃气体层厚度不应小于9 mm;

2)中空玻璃应采用双道密封。一道密封应采用丁基热熔密封胶。隐框、半隐框和点支式玻璃幕墙用中空玻璃的二道密封胶应采用硅酮结构密封胶;明框玻璃幕墙用中空玻璃的二道密封宜采用聚硫类中空玻璃密封胶,也可采用硅酮密封胶。二道密封应采用专用打胶机进行混合、打胶;

3)中空玻璃的间隔铝框可采用连续折弯型或插角型,不得使用热熔型间隔胶条。间隔铝框中的干燥剂宜采用专用设备装填;

4)中空玻璃加工过程应采取措施,消除玻璃表面可能产生的凹、凸现象。

(4)钢化玻璃宜经过二次热处理。

(5)玻璃幕墙采用夹层玻璃时,应采用干法加工合成,其夹片宜采用聚乙烯醇缩丁醛(PVB)胶片;夹层玻璃合片时,应严格控制温、湿度。

(6)玻璃幕墙采用单片低辐射镀膜玻璃时,应使用在线热喷涂低辐射镀膜玻璃;离线镀膜的低辐射镀膜玻璃宜加工成中空玻璃使用,其镀膜面应朝向中空气体层。

(7)有防火要求的幕墙玻璃,应根据防火等级要求,采用单片防火玻璃或其制品。

(8)玻璃幕墙的采光用彩釉玻璃,釉料宜采用丝网印刷。

(9)玻璃幕墙工程使用的玻璃,应进行厚度、边长、外观质量、应力和边缘处理情况的检验。

(10)玻璃厚度的允许偏差,应符合表2-2的规定。

(11)检验玻璃的厚度,应采用下列方法:

1)玻璃安装或组装前,可用分辨率为0.02 mm的游标卡尺测量被检玻璃每边的中点,测量结果取平均值,修约到小数点后二位;

2)对已安装的幕墙玻璃,可用分辨率为0.1 mm的玻璃测厚仪在被检玻璃上随机取4点进行检测,取平均值,修约至小数点后一位。

(12)玻璃边长的检验指标,应符合下列规定。

1)单片玻璃边长允许偏差应符合表2-3的规定。

2)中空玻璃的边长允许偏差应符合表2-4的规定。

表 2-2   玻璃厚度允许偏差   （单位：mm）

玻璃厚度	允 许 偏 差		
	单片玻璃	中空玻璃	夹层玻璃
5	±0.2	$\delta<17$ 时，±1.0 $\delta=17\sim22$ 时，±1.5 $\delta>22$ 时，±2.0	厚度偏差不大于玻璃原片允许偏差和中间层允许偏差之和。中间层总厚度小于 2mm 时，允许偏差±0；中间层总厚度大于或等于 2mm 时，允许偏差±0.2 mm
6			
8	±0.3		
10			
12	±0.4		
15	±0.6		
19	±1.0		

注：δ 是中空玻璃的公称厚度，表示两片玻璃厚度与间隔厚度之和。

表 2-3   单片玻璃边长允许偏差   （单位：mm）

玻璃厚度	允 许 偏 差		
	$L\leqslant1000$	$1000<L\leqslant2000$	$2000<L\leqslant3000$
5,6	±1	+1,−2	+1,−2
8,10,12	+1,−2	+1,−3	+2,−4

表 2-4   中空玻璃边长允许偏差   （单位：mm）

长 度	允 许 偏 差	长 度	允 许 偏 差
<1000	+1.0；−2.0	>2000～2500	+1.5；−3.0
1000～2000	+1.0；−2.5		

3）夹层玻璃的边长允许偏差应符合表 2-5 的规定。

表 2-5   夹层玻璃长度和宽度允许偏差   （单位：mm）

公称尺寸（边长 L）	公称厚度≤8	公称厚度>8	
		每块玻璃公称厚度<10	至少一块玻璃公称厚度≥10
$L\leqslant1100$	+2.0 −2.0	+2.5 −2.0	+3.5 −2.5
$1100<L\leqslant1500$	+3.0 −2.0	+3.5 −2.0	+4.5 −3.0
$1500<L\leqslant2000$	+3.0 −2.0	+3.5 −2.0	+5.0 −3.5
$2000<L\leqslant2500$	+4.5 −2.5	+5.0 −3.0	+6.0 −4.0
$L>2500$	+5.0 −3.0	+5.5 −3.5	+6.5 −4.5

(13)玻璃边长的检验,应在玻璃安装或检验以前,用分度值为 1mm 的钢卷尺沿玻璃周边测量,取最大偏差值。

(14)玻璃外观质量的检验指标,应符合下列规定。

1)钢化、半钢化玻璃外观质量应符合表 2-6 的规定。

表 2-6　　　　　　　　钢化、半钢化玻璃外观质量

缺陷名称	检 验 要 求
爆 边	不允许存在
划 伤	每平方米允许 6 条 $a \leqslant 100$ mm,$b \leqslant 0.1$ mm
	每平方米允许 3 条 $a \leqslant 100$ mm,0.1 mm$< b \leqslant 0.5$ mm
裂纹、缺角	不允许存在

注:a—玻璃划伤长度;b—玻璃划伤宽度。

2)热反射玻璃外观质量应符合表 2-7 的规定。

表 2-7　　　　　　　　热反射玻璃外观质量

缺陷名称	检 验 要 求
针 眼	距边部 75 mm 内,每平方米允许 8 处或中部每平方米允许 3 处,1.6 mm$< d \leqslant 2.5$ mm
	不允许存在 $d > 2.5$mm
斑 纹	不允许存在
斑 点	每平方米允许 8 处,1.6 mm$< d \leqslant 5.0$ mm
划 伤	每平方米允许 2 条,$a \leqslant 100$ mm,0.3 mm$< b \leqslant 0.8$ mm

注:d—玻璃缺陷直径;a—玻璃划伤长度;b—玻璃划伤宽度。

3)夹层玻璃外观质量应符合表 2-8 的规定。

表 2-8　　　　　　　　夹层玻璃外观质量

缺陷名称	检 验 要 求
胶合层气泡	直径 300 mm 圆内允许长度为 1~2 mm 的胶合层气泡 2 个
胶合层杂质	直径 500 mm 圆内允许长度为 3 mm 的胶合层杂质 2 个
裂 纹	不允许存在
爆 边	长度或宽度不允许超过玻璃的厚度
划伤,磨伤	不得影响使用
脱 胶	不允许存在

(15)玻璃外观质量的检验,应在良好的自然光或散射光照条件下,距玻璃正面约 600 mm 处,观察被检玻璃表面。缺陷尺寸应采用精度为 0.1 mm 的读数显微镜测量。

(16)玻璃应力的检验指标,应符合下列规定。

1)幕墙玻璃的品种应符合设计要求。

2)用于幕墙的钢化玻璃的表面应力为 $\sigma \geqslant 95$,半钢化玻璃的表面应力为 $24 < \sigma \leqslant 69$。

(17)玻璃应力的检验,应采用下列方法:

1)用偏振片确定玻璃是否经钢化处理。

2)用表面应力检测仪测量玻璃表面应力。

(18)幕墙玻璃边缘的处理,应进行机械磨边、倒棱、倒角,磨轮的目数应在 180 目以上。点支承幕墙玻璃的孔、板边缘均应进行磨边和倒棱,磨边宜细磨,倒棱宽度不宜小于 1 mm。

(19)幕墙玻璃边缘处理的检验,应采用观察检查和手试的方法。

(20)中空玻璃质量的检验指标,应符合下列规定。

1)玻璃厚度及空气隔层的厚度应符合设计及标准要求。

2)中空玻璃对角线之差不应大于对角线平均长度的 0.2%。

3)胶层应双道密封,外层密封胶胶层宽度不应小于 5 mm。半隐框和隐框幕墙的中空玻璃的外层应采用硅酮结构胶密封,胶层宽度应符合结构计算要求。内层密封采用丁基密封腻子,打胶应均匀、饱满、无空隙。

4)中空玻璃的内表面不得有妨碍透视的污迹及胶粘剂飞溅现象。

(21)中空玻璃质量的检验,应采用下列方法。

1)在玻璃安装或组装前,以分度值为 1 mm 的直尺或分辨率为 0.05 mm 的游标卡尺在被检玻璃的周边各取两点,测量玻璃及空气隔层的厚度和胶层厚度。

2)以分度值为 1 mm 的钢卷尺测量中空玻璃两对角线长度差。

3)观察玻璃的外观及打胶质量情况。

五、石材

石材幕墙用天然石板材有天然大理石建筑板材、天然花岗石建筑板材和天然凝灰石(砂岩)建筑板材以及建筑装饰用微晶玻璃和建筑幕墙用瓷板。

(1)石材科学的分类方法应该是根据石材的地质组成来划分其种类,从地质学的角度来看,地壳土层中的岩石分为下列三类。

1)火成岩。这些岩石从热的熔化材料中形成,花岗石和玄武岩是火成岩中的两种。

2)沉积岩。这些岩石起源于其他岩石的碎片和残骸,这些碎片在水、风、重力及冰等各种因素的作用下移动到一个由沉积物形成的盆地中沉积,沉积物压缩和胶结后形成坚硬的沉积岩。沉积岩由其他岩石中丰富的物质所组成,石灰岩、砂岩以及凝灰石是沉积岩中的三类型。

3)变质岩。这些岩石形成于其他已经存在的岩石在受热或压力作用下进行了结晶或重结晶。大理石、板页岩和石英岩是变质岩中的三种。

幕墙石材宜选用火成岩,石材吸水率应小于 0.8%。石材表面应采用机械进行加工,加工后的表面应用高压水冲洗或用水和刷子清理,严禁用溶剂型的化学清洁剂清洗石材。

(2)石材幕墙所选用的材料应符合下列现行国家产品标准的规定,同时应有出厂合格证,材料的物理力学及耐候性能应符合设计要求。

《玻璃幕墙工程技术规范》(JGJ 102—2003)

《金属与石材幕墙工程技术规范》(JGJ 133—2001)。

《天然大理石建筑板材》(GB/T 19766—2005)。

《天然花岗石建筑板材》(GB/T 18601—2009)。

《天然大理石荒料》(JC/T 202—2011)。

《天然花岗石荒料》(JC/T 204—2011)。

《天然石材统一编号》(GB/T 17670—2008)。

《天然石材产品放射性防护分类控制标准》(JC 518—1996)。

《建筑装饰用微晶玻璃》(JC/T 872—2000)。

《建筑幕墙用瓷板》(JG/T 217—2007)。

《建筑材料放射性核素限量》(GB 6566—2010)。

(3)花岗石。

国家标准《天然花岗石建筑板材》(GB/T 18601—2009)对天然花岗石板材的技术要求规定如下:

1)普型板材规格尺寸允许偏差应符合表 2-9 的规定,异型板材规格、尺寸允许偏差由供需双方商定。

表 2-9　　　　　　　　　　板材规格尺寸允许偏差　　　　　　　　　　(单位:mm)

项　目		亚光面和镜面板材			粗面板材		
		优等品	一等品	合格品	优等品	一等品	合格品
长度、宽度		0 −0.1		0 −1.5	0 −1.0		0 −1.5
厚度	≤12	±0.5	±1.0	+1.0 −1.5	—		
	>12	±1.0	±1.5	±2.0	+1.0 −2.0	±2.0	+2.0 −3.0

2)平面度允许极限公差应符合表 2-10 的规定。

表 2-10 　　　　　　　板材平面度允许极限公差　　　　　　(单位:mm)

板材长度	亚光面和镜面板材			粗面板材		
	优等品	一等品	合格品	优等品	一等品	合格品
≤400	0.20	0.35	0.50	0.60	0.80	1.00
>400~≤800	0.50	0.65	0.80	1.20	1.50	1.80
>800	0.70	0.85	1.00	1.50	1.80	2.00

3)普型板材的角度允许极限公差应符合表 2-11 的规定,拼缝板材正面与侧面的夹角不得大于 90°。

表 2-11 　　　　　　　普型板材的角度允许极限公差　　　　　　(单位:mm)

板材边长	优等品	一等品	合格品	板材边长	优等品	一等品	合格品
≤400	0.30	0.50	0.80	>400	0.40	0.60	1.00

4)外观质量,同一批板材的色调应基本调和,花纹应基本一致。板材正面外观质量应符合表 2-12 的规定。

表 2-12 　　　　　　　　　　外观质量

缺陷名称	规定内容	优等品	一等品	合格品
缺棱	长度不超过 10 mm,宽度不超过 1.2 mm,(长度小于 5 mm、宽度小于 1.0 mm 不计),周边每米长允许个数(个)	不允许	1	2
缺角	沿板材边长,长度≤3 mm,宽度≤3 mm(长度≤2 mm、宽度≤2 mm 不计),每块板允许个数(个)		1	2
裂纹	长度不超过两端顺延至板边总长度的 1/10(长度小于 20 mm 的不计),每块板允许条数(条)			
色斑	面积不超过 15 mm×30 mm(面积小于 10 mm×10 mm 不计),每块板允许个数(个)		2	3
色线	长度不超过两端顺延至板边总长度的 1/10(长度小于 40 mm 的不计),每块板允许条数(条)			

注:干挂板材不允许裂纹存在。

5)物理性能。

①镜面板材的镜面光泽度不低于80光泽单位。

②体积密度不小于 2.56 g/cm³。吸水率不大于 0.6%。

③干燥压缩强度不小于 100 MPa。干燥(水饱和)弯曲强度不小于 8 MPa。

建材行业标准《天然花岗石荒料》(JC/T 204—2011)规定了具有直角六面体形状的天然花岗石荒料(以下简称荒料)产品的分类方法、技术要求。

6)产品分类。

按规格尺寸将荒料分为三类,见表 2-13。

表 2-13　　　　　　　　　　　荒料规格尺寸　　　　　　　　　(单位:cm)

类 别	大 料	中 料	小 料
长度×宽度×高度≥	245×100×150	185×60×95	65×40×70

7)技术要求。

①荒料应具有直角六面体形状。荒料各部位名称如图 2-1 所示。

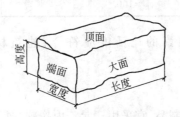

图 2-1　荒料各部位名称

②荒料的最小规格尺寸应符合表 2-14 的规定。

③荒料的长度、宽度、高度极差应符合表 2-15 的规定。

表 2-14　　　　　　　　　　荒料的最小规格尺寸　　　　　　　(单位:cm)

项 目	长 度	宽 度	高 度
指标≥	65	40	70

表 2-15　　　　　　　　　荒料的长度、宽度、高度极差　　　　(单位:cm)

等 级	≤160	>160
极差≤	4.0	6.0

④外观质量。同一批荒料的色调、花纹、颗粒结构应基本一致;荒料的外观质量要求应符合表 2-16 的规定。

⑤荒料的物理性能指标应符合表 2-17 的规定。

表 2-16 荒料的外观质量

缺陷名称	规 定 内 容	技术指标
裂纹	允许条数(条)	2
色斑	面积小于 10cm²(面积小于 3cm² 不计),每面允许个数(个)	3
色线	长度小于 50cm,每面允许条数(条)	3

注:裂纹所造成的荒料体积按(JC/T 204—2011)6.5 条的规定进行扣除。扣除体积损失后每块荒料的规格尺寸应满足②的规定。

表 2-17 荒料的物理性能

项 目	指 标	项 目	指 标
体积密度/(g/cm³)	2.56	干燥	
吸水率/(%)	0.60	弯曲强度/MPa	8.0
干燥压缩强度/MPa	100.0	水饱和度	

⑥荒料中放射性核素的比活度应符合《建筑材料放射性核素限量》(GB 6566—2010)的规定。

六、建筑密封材料

(1)玻璃幕墙的橡胶制品,宜采用三元乙丙橡胶、氯丁橡胶及硅橡胶。

(2)密封胶条应符合国家现行标准《建筑橡胶密封垫——预成型实心硫化的结构密封垫用材料规范》(HG/T 3099—2004)及《工业用橡胶板》(GB/T 5574—2008)的规定。

(3)中空玻璃第一道密封用丁基热熔密封胶,应符合现行行业标准《中空玻璃用丁基热熔密封胶》(JC/T 914—2003)的规定。不承受荷载的第二道密封胶应符合现行行业标准《中空玻璃用弹性密封胶》(JC/T 486—2001)的规定;隐框或半隐框玻璃幕墙用中空玻璃的第二道密封胶除应符合《中空玻璃用弹性密封胶》(JC/T 486—2001)的规定外,尚应符合本节"七、硅酮结构密封胶"的有关规定。

(4)玻璃幕墙的耐候密封应采用硅酮建筑密封胶;点支承幕墙和全玻幕墙使用非镀膜玻璃时,其耐候密封可采用酸性硅酮建筑密封胶,其性能应符合国家现行标准《幕墙玻璃接缝用密封胶》(JC/T 882—2001)的规定。夹层玻璃板缝间的密封,宜采用中性硅酮建筑密封胶。

七、硅酮结构密封胶

(1)幕墙用中性硅酮结构密封胶及酸性硅酮结构密封胶的性能,应符合现行国家标准《建筑用硅酮结构密封胶》(GB 16776—2005)的规定。

(2)硅酮结构密封胶使用前。应经国家认可的检测机构进行与其相接触材料的相容性和剥离黏结性试验,并应对邵氏硬度、标准状态拉伸黏结性能进行复验。检验不合格的产品不得使用。进口硅酮结构密封胶应具有商检报告。

(3)硅酮结构密封胶生产商应提供其结构胶的变位承受能力数据和质量保证书。

八、其他材料

(1)与单组分硅酮结构密封胶配合使用的低发泡间隔双面胶带,应具有透气性。

1)目前国内使用的双面胶带有两种材料制成,即聚氨基甲酸乙酯(又称聚氨酯)和聚乙烯树脂低发泡双面胶带,要根据幕墙承受的风荷载、高度和玻璃块的大小,同时要结合玻璃、铝合金型材的重量以及注胶厚度来选用双面胶带。选用的双面胶带在注胶过程中,既要能保证结构硅酮密封胶的注胶厚度,又能保证结构硅酮密封胶的固化过程为自由状态,不受任何压力,从而充分保证了注胶的质量。

2)当玻璃幕墙风荷载大于 $1.8 kN/m^2$ 时,宜选用中等硬度的聚氨基甲酸乙酯低发泡间隔双面胶带,其性能应符合表 2-18 的规定。

表 2-18　　　　　　聚氨基甲酸乙酯低发泡间隔双面胶带的性能

项 目	技术指标	项 目	技术指标
密度	$0.35 g/cm^3$	静态拉伸黏结性 (2000 小时)	$0.007 N/mm^2$
邵氏硬度	30～35 度	动态剪切强度(停留 15 分钟)	$0.28 N/mm^2$
拉伸强度	$0.91 N/mm^2$		
延伸率	105%～125%	隔热值	$0.55 W/(m^2 \cdot K)$
承受压应力(压缩率10%)	$0.11 N/mm^2$	高紫外线(300W,250～300 mm,3000 小时)	颜色不变
动态拉伸黏结性(停留 15 分钟)	$0.39 N/mm^2$	烤漆耐污染性(70℃,200 小时)	无

3)当玻璃幕墙风荷载小于或等于 $1.8 kN/m^2$ 时,宜选用聚乙烯低发泡间隔双面胶带,其性能应符合表 2-19 的规定。

(2)玻璃幕墙宜采用聚乙烯泡沫棒作填充材料,其密度不应大于 $37 kg/m^3$。

(3)玻璃幕墙的隔热保温材料,宜采用岩棉、矿棉、玻璃棉、防火板等不燃或难燃材料。

表 2-19 聚乙烯低发泡间隔双面胶带的性能

项　目	技术指标	项　目	技术指标
密度	0.21 g/cm³	剥离强度	27.6 N/mm²
邵氏硬度	40 度	剪切强度	40 N/mm²
拉伸强度	0.87 N/mm²	隔热值	0.41W/(m² · K)
延伸率	125%	使用温度	−44～75℃
承受压应力(压缩率10%)	0.18 N/mm²	施工温度	15～52℃

第二节　新型幕墙玻璃

新型建筑玻璃是兼备采光、调制光线、调节热量进入或散失、防止噪声、增加装饰效果、改善居住环境、节约空调能源及降低建筑物自重等多种功能的玻璃制品。

新型建筑玻璃主要品种见表 2-20。

表 2-20 新型建筑玻璃的品种

品　种	特　性
彩色吸热玻璃	吸热性、装饰性好,美观节能、光线柔和
热反射玻璃	反射红外线、透过可见光、单面透视,装饰性好,美观防眩
低辐射玻璃	透过太阳能和可见光,能阻止紫外线透过,热辐射率低
选择吸收(透过)玻璃	吸收或透过某一波长的光线,起调制光线的作用
低(无)反射玻璃	反射率极低,透过玻璃观察,像无玻璃一样,特别清晰
透过紫外线玻璃	透过大量紫外线,有助医疗和植物生长
防电磁波干扰玻璃	玻璃能导电,屏蔽电磁波,具有抗静电性能
光致变色玻璃	弱光时,无色透明;在强光或紫外光下变暗,能调节照度
电加热玻璃	施加电压能控制升温,能除雾防霜
电致变色玻璃	施加电压时变暗或着色,切断电源后复原
双层(多层)中空玻璃	保温、隔热、反射、隔音,冬天不结雾结霜,节约空调能源

一、热反射玻璃

热反射玻璃是具有较高的热(红外辐射)反射率和保持良好的可见光透过率的镀膜玻璃。

（1）分类。

热反射玻璃按颜色分类，有银、灰、蓝、金、绿、茶、棕、褐等；按膜层材料分类，有金、银、钯、钛、铜、铝、铬、镍、铁等金属涂层及氧化锡、氧化铜、氧化锑及二氧化硅等氧化物涂层。

（2）产品规格。

产品规格一般同浮法玻璃，具体规格可由供需双方商定。

（3）性能和特点。

1）对太阳热有较高的反射率，热透过率低，一般热反射率都在 30% 以上，最高可达 60% 左右。热透过率比同厚度的浮法透明玻璃小 65%，比吸热玻璃小 45%，因而透过玻璃的光线，使人感到清凉、舒适。

2）镀金属膜层的热反射玻璃有单向透射性，即迎光面具有镜面反射特性，背光面却和透明玻璃一样，能清晰的观察到室外景物。

3）一般都有美丽的颜色，富有装饰性。单向透视的热反射玻璃制成门窗或玻璃幕墙，可反射出周围景色，如一幅彩色画面，给整个建筑物带来美感并和周围景象协调一致。

4）有滤紫外线，反射红外线特性，可见光透过率也较低，因而能使炽热耀眼的阳光，变得柔和。

5）用热反射玻璃制成中空玻璃或带空气层的隔热幕墙，比一砖厚（24 mm）两面抹灰的砖墙的保温性能还好，可以节约空调能源。

（4）质量标准。

热反射玻璃的涂层要均匀，其产品的外观质量、尺寸允许偏差范围均与浮法玻璃相同。

每片玻璃的整个板面应均匀着色，不得遗漏，其颜色均匀性应符合表 2-21 的规定。

表 2-21　　　　　　　　　热反射玻璃的颜色均匀性

同一片玻璃缺陷		一等品	二等品	三等品
条状色纹	宽度<2 m	不允许有	不允许有	3 条
	宽度 2~4 m	不允许有	不允许有	2 条
	宽度>4 m	不允许有	不允许有	不允许有
雾状、块状色斑		不允许有	不允许有	不允许有

（5）用途。

热反射玻璃主要用于现代高级建筑的门窗、玻璃幕墙、公共建筑的门厅和各种装饰性部位。用它制成双层中空玻璃和组成带空气层的玻璃幕墙，可取得极佳的保温隔热效果。

二、低辐射玻璃

低辐射玻璃是一种对太阳能和可见光具有高透过率,能阻止紫外线透过和红外线辐射,即热辐射率很低的涂层玻璃。这种玻璃有很好的保温性能。

低辐射玻璃的膜层通常由三层组成。最内层为绝缘性金属氧化物膜,中间层是导电金属层,表层是绝缘性金属氧化物层。

(1)分类。

按低辐射膜层中导电金属材料分类,有金、银、铜或铝等。按使用性分类,有寒冷地区使用的膜和日光带地区使用的膜两大类。

(2)产品规格。

一般同浮法玻璃,最大尺寸达 3600 mm ×2000 mm 左右,具体规格可由供需双方自行商定。

(3)性能。

1)有保温性,对太阳能及可见光有较高的透过率,同时能防止室内热量从玻璃辐射出去,可以保持 90％的室内热量,因而可大幅度节约取暖费用。

2)有美丽淡雅的色泽,能使建筑物同周围环境和谐,因而装饰效果极佳。

(4)用途。

低辐射玻璃主要用于寒冷地区,需要透射大量阳光的建筑。用这种玻璃制成的中空玻璃保温效果更好。

三、选择吸收玻璃

选择吸收(含选择透过)玻璃,一般是指能选择吸收或选择透过紫外线、红外线和其他特定波长可见光的玻璃。它可通过镀制稀有金属、金属氧化物或其他金属化合物组成的复合膜制成。

(1)分类、性能及用途。

选择吸收玻璃的分类、性能及用途见表 2-22。

表 2-22　　　　　选择吸收玻璃的种类、性能及用途

分　类	性　能	用　途
透过可见光,反射红外线	热反射性	用于热反射玻璃
透过可见光,吸收红外线	吸热性	同吸热玻璃
透过可见光,吸收紫外线	滤紫外线	用于文字,图书保存
透过近红外线,反射远红外线	低辐射性	太阳能集热器

分　类	性　能	用　途
透过特定波长,吸收其他波长的可见光	各种颜色玻璃	信号、滤光玻璃
透紫外线玻璃	透紫外性	医疗、农业、光化学
透红外线玻璃	透红外性	仪器等

(2)规格及质量标准。

选择吸收玻璃的规格和质量要求,一般与热反射玻璃相同,有特殊要求时,由供需双方商定。

四、中空玻璃

中空玻璃是由两片或多片平板玻璃中间充以干燥空气,用边框隔开,四周通过熔接、焊接或胶结而固定、密封的玻璃构件。

(1)分类。

按采用的原板玻璃的类别可以分成表 2-23 所示的各类。

表 2-23　　　　　　　中空玻璃按原板玻璃分类

中空玻璃类型	说　明
高透明无色玻璃	两片玻璃为无色透明玻璃
彩色吸热玻璃	其中一片玻璃为彩色吸热玻璃,一片为无色高透明吸热玻璃,也可以两片全是彩色玻璃
热反射玻璃	其中一片(外层)为热反射玻璃,另一片可是无色高透明玻璃或吸热玻璃
低辐射玻璃	其中一片(内层)玻璃为低辐射玻璃,另一片可以是高透明玻璃、彩色玻璃或吸热玻璃等
压花玻璃	其中一片为压花玻璃,另一片任选
夹丝玻璃	其中一片(内层)为夹丝玻璃,另一片可任选其他玻璃,可提高安全防火性能
钢化玻璃	其中一片为钢化玻璃,另一片任意选定,也可以全由钢化玻璃组成,提高安全性
夹层玻璃	其中一片(内层)为夹层玻璃,另一片可任意选定,具有较高的安全性

(2)规格。

常用中空玻璃形状和最大尺寸见表 2-24。

表 2-24　　　　　　　　　中空玻璃尺寸　　　　　　　　（单位：mm）

玻璃厚度	间隔厚度	长边最大尺寸	短边最大尺寸（正方形除外）	最大面积/m²	正方形边长最大尺寸
3	6	2110	1270	2.4	1270
	9～12	2110	1270	2.4	1270
4	6	2420	1300	2.86	1300
	9～10	2440	1300	3.17	1300
	12～20	2440	1300	3.17	1300
5	6	3000	1750	4.00	1750
	9～10	3000	1750	4.80	2100
	12～20	3000	1815	5.10	2100
6	6	4550	1980	5.88	2000
	9～10	4550	2280	8.54	2440
	12～20	4550	2440	9.00	2440
10	6	4270	2000	8.54	2440
	9～10	5000	3000	15.00	3000
	12～20	5000	3180	15.90	3250
12	12～20	5000	3180	15.90	3250

（3）尺寸偏差。

1）中空玻璃的长度及宽度允许偏差见表 2-25。

2）中空玻璃厚度允许偏差见表 2-26。

表 2-25　尺寸及偏差　（单位：mm）

长（宽）度 L	允许偏差
L＜1000	±2.0
1000≤L＜2000	+2、−3
L≥2000	±3.0

表 2-26　厚度允许偏差　（单位：mm）

公称厚度 t	允许偏差
t＜17	±1.0
17≤t＜22	±1.5
t≥22	±2.0

注：中空玻璃的公称厚度为玻璃原片的公称厚度与间隔层厚度之和。

3）中空玻璃两对角线之差。

正方形和矩形中空玻璃对角线之差应不大于对角线平均长度的 0.2%。

（4）性能。

1）良好的隔热性能。

中空玻璃的传热系数为 1.63～3.37W/(m² · K),相当于 20 mm 厚的木板或 240 mm 厚砖墙的隔热性能。因而采用中空玻璃可以大幅度节约采暖及空调能源。

2)能充分调节采光。

可以根据使用要求采用无色高透明玻璃、热反射玻璃、吸热玻璃、低辐射玻璃等组合中空玻璃,调节采光性能,其可见光透过率在 10%～80% 之间,热反射率在 25%～80% 之间,总透光率在 20%～80% 之间变化。

3)良好的隔音性能。

中空玻璃可降低一般噪声 30～40 dB,降低交通噪声 30～38 dB,因此可以创造安静舒适的环境。

4)能防止门窗结露、结霜。

中空玻璃中间层为干燥空气,其露点在 -40℃ 以下,因而不会结露或结霜。不会影响采光和观察效果。

(5)用途。

中空玻璃主要用于需要采暖、空调、防止噪声、结露及需要无直接阳光和特殊光的建筑物上,广泛用作住宅、饭店、宾馆、医院、学校、商店及办公楼以及火车、轮船的门窗。

第三节　密封胶

一、密封胶的分类

建筑幕墙用的密封胶有结构密封胶、建筑密封胶(耐候胶)、中空玻璃二道密封胶、防火密封胶等。结构玻璃装配使用的结构密封胶只能是硅酮密封胶,它的主要成分是聚硅氧烷,由于紫外线不能破坏硅氧键,所以硅酮密封胶具有良好的抗紫外线性能,因此它是非常稳定的化学物质。结构密封胶是固定玻璃并使其与铝框有可靠连接的胶粘剂,同时也把玻璃幕墙密封起来。要求结构密封胶对建筑物环境中的每一个因素,包括热应力、风荷载、气候变化、地震作用等均有相应的抵抗能力。

二、建筑密封胶(耐候胶)

建筑密封胶主要有硅酮密封胶、丙烯酸酯密封胶、聚氨酯密封胶和聚硫密封胶。聚硫密封胶与硅酮结构密封胶相容性能差,不宜配合使用。

(1)《硅酮建筑密封胶》(GB/T 14683—2003)规定了镶装玻璃和建筑接缝用密封胶的产品分类、要求和性能。

1)分类。

①种类。

a. 硅酮建筑密封胶按固化机理分为两种类型：

A 形——脱酸（酸性）。

B 形——脱醇（中性）。

b. 硅酮建筑密封胶按用途分为两种类别：

G 类——镶装玻璃用。

F 类——建筑接缝用。

不适用于建筑幕墙和中空玻璃。

②级别。产品按位移能力分为 25、20 两个级别，见表 2-27。

表 2-27　　　　　　　　　　密封胶级别

级别	试验拉压幅度	位移能力	级别	试验拉压幅度	位移能力
25	±25	25	20	±20	20

③次级别。产品按拉伸模量分为高模量（HM）和低模量（LM）两个次级别。

④产品标记。产品按下列顺序标记：名称、类型、类别、级别、次级别、标记号。

示例：镶装玻璃用 25 级高模量酸性硅酮建筑密封胶的标记为：硅酮建筑密封胶 AG25HMGB/T 14683—2003。

2）要求。

①外观。产品应为细腻、均匀膏状物，不应有气泡、结皮和凝胶；产品的颜色与供需双方商定的样品相比，不得有明显差异。

②理化性能。硅酮建筑密封胶的理化性能应符合表 2-28 的规定。

表 2-28　　　　　　　　　　理化性能

序号	项目		技术指标			
			25HM	20HM	25LM	20LM
1	密度/(g/cm³)		规定值±0.1			
2	下垂度/mm	垂直	≤3			
		水平	无变形			
3	表干时间/h		≤3①			
4	挤出性/(ml/分钟)		≥80			
5	弹性恢复率(%)		≥80			
6	拉伸模量/MPa	23℃	>0.4		≤0.4	
		−20℃	或>0.6		或≤0.6	

序号	项目	技术指标			
		25HM	20HM	25LM	20LM
7	定伸黏结性	无破坏			
8	紫外线辐照后黏结性②	无破坏			
9	冷拉-热压后黏结性	无破坏			
10	浸水后定伸黏结性	无破坏			
11	质量损失率(%)	≤10			

注:①允许采用供需双方商定的其他指标值。

②此项仅适用于 G 类产品。

(2)《幕墙玻璃接缝用密封胶》(JC/T 882—2001)、《彩色涂层钢板用建筑密封胶》(JC/T 884—2001)对耐候胶的技术要求作了规定。

1)级别。

①密封胶按位移能力分为 25、20 两个级别,见表 2-27。

②次级别。密封胶按拉伸模量分为高模量(HM)和低模量(LM)两个次级别。

2)外观。

①密封胶应为细腻、均质膏状物,不应有气泡、结皮或凝胶。

②密封胶的颜色与供需双方商定的样品相比,不得有明显差异。多组分密封胶各组分的颜色应有明显差异。

3)密封胶的适用期指标由供需双方商定。

4)物理力学性能。

幕墙玻璃接缝用密封胶的物理力学性能应符合表 2-29 的规定。

彩色涂层钢板用建筑密封胶的物理力学性能应符合表 2-30 的规定。

表 2-29　　　　　　　　　　物理力学性能

序号	项目		技术指标			
			25LM	25HM	20LM	20HM
1	下垂度/mm	垂直	≤3			
		水平	无变形			
2	挤出性/(毫升/分钟)		≥80			
3	表干时间/小时		≤3			
4	弹性恢复率(%)		≥80			

续表

序号	项目		技术指标			
			25LM	25HM	20LM	20HM
5	拉伸模量/MPa	标准条件	≤0.4 和 ≤0.6	>0.4 或 >0.6	≤0.4 和 ≤0.6	>0.4 或 >0.6
		−20℃				
6	定伸黏结性		无破坏			
7	热压·冷拉后的黏结性		无破坏			
8	浸水光照后的定伸黏结性		无破坏			
9	质量损失率(%)		≤10			

注:试验基材选用无镀膜浮法玻璃。根据需要也可选用其他基材,但黏结试件一侧必须选用浮法玻璃。当基材需要涂敷底涂料时,应按生产厂要求进行。

表 2-30 物理力学性能

序号	项目		技术指标				
			25LM	25HM	20LM	20HM	12.5E
1	下垂度/mm ≤	垂直	3				
		水平	无变形				
2	表干时间/小时 ≤		3				
3	挤出性/(毫升/分钟) ≥		80				
4	弹性恢复率(%) ≥		80		60		40
5	拉伸模量 /MPa	23℃	≤0.4 和 ≤0.6	>0.4 或 >0.6	≤0.4 和 ≤0.6	>0.4 或 >0.6	—
		−20℃					
6	定伸黏结性		无破坏				
7	浸水后的定伸黏结性		无破坏				
8	热压·冷拉后的黏结性		无破坏				
9	剥离黏结性	剥离强度/(N/mm)	1.0				
		黏结破坏面积(%)≤	25				
10	紫外线处理		表面无粉化、龟裂,−25℃ 无裂纹				

　　(3)《石材用建筑密封胶》(JC/T 883—2001)对石材用建筑密封胶的技术要求作了规定。

　　1)外观。

①产品应为细腻、均匀膏状物,不应有气泡、结皮或凝胶。

②产品的颜色与供需方商定的样品相比,不得有明显差异。多组分产品各组分的颜色应有明显差异。

2)密封胶适用期指标。由供需双方商定(仅适用于多组分)。

3)物理力学性能。密封胶的物理力学性能应符合表 2-31 的规定。

表 2-31　　　　　　　　　物理力学性能

序号	项　目		技　术　指　标				
			25LM	25HM	20LM	20HM	12.5E
1	下垂度/mm ≤	垂直	3				
		水平	无变形				
2	表干时间/小时 ≤		3				
3	挤出性/(毫升/分钟)≥		80				
4	弹性恢复率(%)≥		80		60		40
5	拉伸模量 /MPa	23℃	≤0.4 和 ≤0.6	>0.4 或 >0.6	≤0.4 和 ≤0.6	>0.4 或 >0.6	
		−20℃					
6	定伸黏结性		无破坏				
7	浸水后的定伸黏结性		无破坏				
8	热压·冷拉后的黏结性		无破坏				
9	污染性/mm ≤	污染深度	1.0				
		污染宽度					
10	紫外线处理		表面无粉化、龟裂,−25℃　无裂纹				

三、硅酮结构密封胶

(1)分类和标记。

1)型别。

产品按组成分单组分型和双组分型,分别用数字 1 和 2 表示。

2)适用基材类别。

按产品适用的基材分类,代号表示以下:

类别代号　　　　适用的基材

　M　　　　　　金属

　G　　　　　　玻璃

　Q　　　　　　其他

3)产品标记。

产品按型别、适用基材类别、本标准号顺序标记。

示例:适用于金属、玻璃的双组分硅酮结构胶标记为:2MG GB 16776—2005。

(2)要求。

1)外观。

①产品应为细腻、均匀膏状物,无气泡、结块、凝胶、结皮,无不易分散的析出物。

②双组分产品两组分的颜色应有明显区别。

2)物理力学性能。产品物理力学性能应符合表 2-32 要求。

表 2-32　　　　　　　　　　　　产品物理力学性能

序号	项　　目			技术指标
1	下垂度	垂直放置/mm		≤3
		水平放置		不变形
2	挤出性^a/s			≤10
3	适用期^b/min			≥20
4	表干时间/h			≤3
5	硬度/Shore A			20～60
6	拉伸黏结性	拉伸黏结强度/MPa	23℃	≥0.60
			90℃	≥0.45
			−30℃	≥0.45
			浸水后	≥0.45
			水-紫外线光照后	≥0.45
		黏结破坏面积/(%)		≤5
		23℃时最大拉伸强度时伸长率/(%)		≥100
7	热老化	热失重/(%)		≤10
		龟裂		无
		粉化		无

注:a　仅适用于单组分产品。

　　b　仅适用于双组分产品。

四、中空玻璃密封胶

(1)《中空玻璃用弹性密封胶》(JC/T 486—2001)对中空玻璃用二道密封胶作了规定。

1)产品分类。

①产品按基础聚合物分类,聚硫类代号 PS,硅酮类代号 SR。

②按位移能力和模量分级,代号 20HM-位移能力±20%高模量,代号 25HM-位移能力±25%高模量。

2）技术要求。

①外观质量。

a. 密封胶不应有粗粒、结块和结皮，无不易迅速均匀分散的析出物。

b. 两组分产品两组分颜色应有明显的差别。

②物理性能。中空玻璃用弹性密封胶的物理性能应符合表 2-33 的规定。

表 2-33　　　　　　　　　中空玻璃密封胶物理性能

序号	项　　目		技　术　指　标				
			PS 类		SR 类		
			20HM	12.5E	25HM	20HM	12.5E
1	密度/(g/cm³)	A 组分	规定值±0.1				
		B 组分	规定值±0.1				
2	黏度/(Pa·s)	A 组分	规定值±10%				
		B 组分	规定值±10%				
3	挤出性(仅单组分)/s ≤		10				
4	适用期/分钟 ≥		30				
5	表干时间/小时 ≤		2				
6	下垂度	垂直放置/mm ≤	3				
		水平放置	不变形				
7	弹性恢复率/(%) ≥		60%	40%	80%	60%	40%
8	拉伸模量/MPa	23℃	>0.4 或	—	>0.4 或		—
		−20℃	>0.6		>0.6		
9	热压·冷拉后黏结性	移位(%)	±20	±12.5	±25	±20	±12.5
		破坏性质	无破坏				
10	热空气-水循环后定伸黏结性	伸长率(%)	60	10	100	60	60
		破坏性质	无破坏				
11	紫外线辐射-水浸后定伸黏结性	伸长率(%)	60	10	100	60	60
		破坏性质	无破坏				
12	水蒸气渗透率/(g/m²·d)		15				
13	紫外线辐照发雾性(仅用于单道密封时)		无				

a. 两组分混合应均匀，避免形成气泡。

b. 应使挤注涂施的密封胶紧粘在基材表面上。

c. 应及时修整试件上密封胶表面,使其表面齐平。

(2)《中空玻璃用丁基热熔密封胶》(JC/T 914—2003)规定了中空玻璃用丁基热熔密封胶的要求。

1)外观。

①产品应为细腻、无可见颗粒的均质胶泥。

②产品颜色为黑色或供需双方商定的颜色。

2)物理力学性能。产品物理力学性能应符合表 2-34 的要求。

表 2-34 物理力学性能

序号	项　　目		指标	序号	项　　目	指标
1	密度/(g/cm³)		规定值 ±0.05	3	剪切强度/MPa ≥	0.10
				4	紫外线照射发雾性	无雾
2	针入度 /(1/10mm)	25℃	30~50	5	水蒸气透过率/(g/m²) ≤	1.1
		130℃	230~330	6	热失重(%) ≤	0.5

中空玻璃第一道密封胶为聚异丁烯密封胶,它不透气、不透水,但没有强度。第二道密封胶有聚硫密封胶和硅酮密封胶。由于聚硫密封胶在紫外线照射下容易老化,只能用于以镶嵌槽夹持方法安装玻璃的明框幕墙用中空玻璃。隐框幕墙用中空玻璃的二道密封胶必须采用硅酮密封胶。

第四节　紧固件

幕墙构件连接,除隐框幕墙结构装配组件玻璃与铝框的连接采用硅酮密封胶胶接外,通常用紧固件连接。紧固件把两个以上的金属或非金属构件连接在一起,连接方法分不可拆卸连接和可拆卸连接两类。铆合属于不可拆卸连接,螺纹连接属于可拆卸连接,使用这类连接的构件可以自由拆卸,使用方便。

紧固件有普通螺栓、螺钉、螺柱和螺母,不锈钢螺栓、螺钉、螺柱和螺母以及抽芯铆钉、自钻自攻螺钉、自攻螺钉。

一、螺栓、螺钉

1. 六角头螺栓-C 级
用途:用于表面粗糙、对精度要求不高的连接。常用规格见表 2-35。

2. 六角头螺栓-全螺纹-C 级
用途:用于表面粗糙、对精度要求不高但要求较长螺纹的连接。常用规格见表 2-36。

表 2-35 常用规格 (单位:mm)

螺纹规格 d		M5	M6	M8	M10	M12	M16	M20	M24
b 参 考	l≤125	16	18	22	26	30	38	46	54
	125<l≤200	—	—	28	32	36	44	52	60
	l>200	—	—	—	—	—	57	65	73
l 公称		25~50	30~60	35~80	40~100	45~120	55~160	65~200	80~240

注:l 系列:25,30,35,40,45,60,65,70,80,90,100,110,120,130,140,150,160,180,200,220,240。

表 2-36 常用规格 (单位:mm)

螺纹规格 d	M5	M6	M8	M10	M12	M16	M20	M24
l 公称	10~40	12~50	16~65	20~80	25~100	35~100	40~100	50~100

注:l 系列:10,12,16,20,25,30,40,45,50,55,60,65,70,80,90,100。

3. 六角头螺栓-A 和 B 级

用途:用于表面光洁,对精度要求高的连接。常用规格见表 2-35。

公差产品等级:A 级适用于 $d \leq 24$ 和 $l \leq 10d$ 或 ≤ 150 mm(较小值);

B 级适用于 $d > 24$ 和 $l > 10d$ 或 > 1500 mm(较小值)。

4. 钢膨胀螺栓

用途:用于构件与水泥基(墙)的连接。常用规格见表 2-37。

表 2-37 常用规格 (单位:mm)

螺纹规格 d	螺栓总长 l	胀管		被连接件厚度 H	钻孔		允许承受拉(剪)力			
		外径 D	长度 l_1		直径	深度	静止状态		悬吊状态	
							拉力	剪力	拉力	剪力
	(mm)						(N)			
M6	65,75,85	10	35	L-55	10.5	35	2354	1765	1667	1226
M8	80,90,100	12	45	L-65	12.5	45	4315	3236	2354	1765
M10	95,110,125,130	14	55	L-75	14.5	55	6865	5100	4315	3236
M12	110,130,150,200	18	65	L-90	19	65	10101	7257	6865	5100
M16	150,175,200,220,250,300	22	90	L-120	23	90	19125	1373	10101	7257

注:被连接件厚度 H 计算方法举例:
　　螺栓规格为 M12×130,其 H=L-90=130-90=40 mm。

5. 螺钉

(1)开槽圆柱头螺钉。

开槽盘头螺钉,开槽沉头螺钉等。

用途:用于两个构件的连接,与六角头螺栓的区别是头部用平头改锥拧动。常用规格见表2-38。

表2-38   常用规格   (单位:mm)

螺纹规格 d		M2.5	M3	M4	M5	M6	M8	M10
b	圆柱头	—	—	38	38	38	38	38
	盘头	25	25	38	38	38	38	38
	沉头	25	25	38	38	38	38	38
	半沉头	25	25	38	38	38	38	38
l 公称		4~25	5~30	6~40	8~50	8~60	10~80	12~80

注:l 系列:4,5,6,8,10,12,14,16,20,25,30,40,45,50,55,60,65,70,75,80。

(2)十字槽盘头螺钉。

十字槽沉头螺钉,十字槽半沉头螺钉。

用途:用于两构件连接,与六角头螺栓的区别是头部用十字改锥拧动。常用规格见表2-39。

表2-39   常用规格   (单位:mm)

螺纹规格 d	M2.5	M3	M4	M5	M6	M8	M10
b 分钟	25	25	38	38	38	38	38
l 公称	3~25	4~30	5~40	6~50	8~60	10~60	12~60

注:l 系列:3,4,5,6,8,10,12,14,16,20,25,30,40,45,50,55,60。

(3)开槽盘头自攻螺钉。

开槽沉头自攻螺钉,开槽半沉头自攻螺钉,六角头自攻螺钉,十字槽盘头自攻螺钉,十字槽沉头自攻螺钉,十字槽半沉头自攻螺钉。

用途:用于薄片(金属、塑料等)与金属基体的连接。常用规格见表2-40。

二、螺母

1型六角螺母—C级;1型六角螺母—A级和B级;2型六角螺母—A级和B级。

用途:与螺栓、螺柱、螺钉配合使用,连接紧固构件。

C级用于表面粗糙、对精度要求不高的连接。A级用于螺纹直径≤16 mm;B级用于螺纹直径>16 mm,表面光洁,对精度要求较高的连接。常用规格见表 2-41。

表 2-40							常用规格				（单位：mm）
螺纹规格 d	螺纹大径		螺距 p	对边宽度 s	十字槽号	螺杆长度 l					
	号码	≤				十字槽自攻螺钉		开槽自攻螺钉			六角头自攻螺钉
						盘头	沉头半沉头	盘头	沉头	半沉头	
ST2.2	2	2.24	0.8	3.2	0	4.5～16	4.5～16	4.5～16	4.5～16	4.5～16	4.5～16
ST2.9	4	2.19	1.1	5	1	6.5～19	6.5～19	6.5～19	6.5～19	6.5～19	6.5～19
ST3.5	6	3.53	1.3	5.5	2	9.5～25	9.5～25	6.5～22	9.5～25	9.5～25	6.5～22
ST4.2	8	4.22	1.4	7	2	9.5～32	9.5～32	9.5～25	9.5～32	9.5～25	9.5～25
ST4.8	10	4.8	1.6	8	2	9.5～38	9.5～32	9.5～32	9.5～32	9.5～32	9.5～32
ST5.5	12	5.46	1.8	8	3	13～38	13～38	13～32	13～38	13～32	13～32
ST6.3	14	6.25	1.8	10	3	13～38	13～38	13～38	13～38	13～38	13～38
ST8	16	8	2.1	13	4	16～50	16～50	16～50	16～50	16～50	16～50
ST9.5	20	9.65	2.1	16	4	16～50	16～50	16～50	16～50	16～50	16～50

注：l 系列：4,5,6.5,9.5,13,16,19,22,25,32,38,45,50。

表 2-41		常用规格		（单位：mm）
螺纹规格 D	对边宽度 s	螺母最大厚度/m		
		1 型 C 级	1 型	2 型
			A 级和 B 级	
M4	7	—	3.2	—
M5	8	5.6	4.7	5.1
M6	10	6.1	5.2	5.7
M8	13	7.9	6.8	7.5
M10	16	9.5	8.4	9.3
M12	18	12.2	10.8	12
M16	24	15.9	14.8	16.4
M20	30	18.7	18	20.3

三、铆钉

封闭型平圆头抽芯铆钉;封闭型沉头抽芯铆钉;开口型扁圆头抽芯铆钉;开口型沉头抽芯铆钉。

用途:用于金属结构上的金属件铆接。

1. 封闭型平圆头抽芯铆钉

铆钉尺寸见图 2-2 和表 2-42。

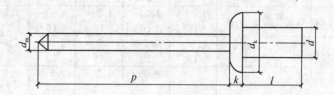

图 2-2　铆钉尺寸

表 2-42　　　　　　　　　　　　　　尺　寸　　　　　　　　　　　（单位:mm）

钉体	d	公称	3.2	4	4.8	6.4
		max	3.28	4.08	4.88	6.48
		min	3.05	3.85	4.65	6.25
	d_k	max	6.7	8.4	10.1	13.4
		min	5.8	6.9	8.3	11.6
	k	max	1.3	1.7	2	2.7
钉芯	d_m	max	1.85	2.35	2.77	3.71
	p	min	25		27	

铆钉长度 l		推荐的铆钉范围			
公称 min	max				
8.0	9.0	0.5～3.5		1.0～3.5	—
9.5	10.5	3.5～5.0	1.0～5.0	—	—
11.0	12.0	5.0～6.5	—	3.5～6.5	—
11.5	12.5	—	5.0～6.5	—	—
12.5	13.5	—	6.5～8.0	—	1.5～7.0
14.5	15.5	—	—	6.5～9.5	7.0～8.5
18.0	19.0	—	—	9.5～13.5	8.5～10.0

2. 封闭型沉头抽芯铆钉

铆钉尺寸见图 2-3 和表 2-43。

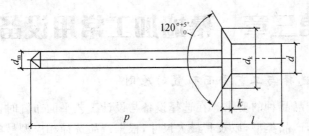

图 2-3　铆钉尺寸

表 2-43　　　　　　　　　　　　尺　寸　　　　　　　　　　　（单位:mm）

		公称	3.2	4	4.8	5	6.4
钉体	d	max	3.28	4.08	4.88	5.08	6.48
		min	3.05	3.85	4.65	4.85	6.25
	d_k	max	6.7	8.4	10.1	10.5	13.4
		min	5.8	6.9	8.3	8.7	11.6
	k	max	1.3	1.7	2	2.1	2.7
钉芯	d_m	max	1.85	2.35	2.77	2.8	3.71
	p	min	25			27	

铆钉长度 l			推荐的铆钉范围			
公称 min	max				
8	9	2.0～3.5	2.0～3.5	—	—
8.5	9.5	—		2.5～3.5	—
9.5	10.5	3.5～5.0	3.5～5.0	3.5～5.0	—
11	12	5.0～6.5	5.0～6.5	5.0～6.5	—
12.5	13.5	6.5～8.0	6.5～8.0	—	1.5～6.5
13	14	—		6.5～8.0	—
14.5	15.5	—	8～10	8.0～9.5	—
15.5	16.5	—		—	6.5～9.5
16	17	—		9.5～11.0	—
18	19	—		11.0～13.0	—
21	22	—		13.0～16.0	—

第三章 幕墙加工常用设备

一、设备选择与工艺平面布置的原则

（1）考虑产品品种的要求。在选择设备与设计工艺平面布置时，首先要考虑生产什么产品，产品类型，以及其最大尺寸，根据产品选择相应型号的设备。

（2）考虑产品产量的要求。产品产量对设备选择和车间生产面积影响很大，应根据生产量计算生产设备的数量以及生产面积的大小。在成批生产条件下，为了提高生产效率可以采用高效的加工机床，例如以冲切工艺代替划线铣切工艺，配备一定数量的冲床。

（3）考虑产品零件加工精度。各种设备的加工精度是不同的，应根据产品要求的精度选择相应等级的设备。铝门窗幕墙产品零件的加工精度都不高，因此在选择设备时不必选择高精度的机床设备，以节省投资。

（4）在设计车间工艺布置时要考虑以下因素：

①按产量、按工作制、按工时定额计算所需生产面积。

②考虑必须的辅助面积：材料库、成品库、工具库、办公室等。

③机器和辅助设备在车间内的正确布置应按照加工程序和直线流通的原则，从原材料进车间直至完成产品的装配以及包装运输全过程，尽量不要交叉进行。正确的布置还要考虑到设备之间的效率，足够的运输设备和通道，以保证整个加工过程有条不紊。只能在生产面积上考虑的宽松一些，最多按两班制安排生产，并考虑在产品更新换代，增加必要的新设备时所需的生产面积，以便在一定时期内可满足生产发展的需要。

二、幕墙常用设备

幕墙常用设备包括：型材切割设备、型材钻孔设备、角接口切割机、加工中心、组框机、注胶机等。

1. 型材钻孔设备

型材钻孔设备为多头钻床。

（1）独特性能。

1）此六头多头钻头，结构稳固，床身长 6300 mm，可加工长度 6000 mm；

2）六个钻头可由控制台，控制独立地操作（可选配件）；

3）机床的 X 轴方向稳定平直，Y、Z 轴方向操作轨道平阔；

4）三个轴向分别由手轮和毫米量度尺控制调节；

5)加工范围:150 mm;

6)最大型材高度:250 mm,可附工具夹具;

7)最大加工深度:120 mm,可附多个钻头;

8)配有深度定位器及气动式水平型材夹具;

9)电机功率:1 kW,380 V,50 Hz,主轴转速:3000rpm。

(2)标准配置。

1)1(套)型材 X 轴方向零位定位器;

2)6(套)冷却喷雾装置。

(3)配套配件。

1)6(套)5 头钻头自动式进给装置;

2)6(套)电控无级转速控制装置,可调节范围:1500～5500rpm;

3)6(套)电子控制加工行程显示装置,加工精度可达:±0.1 mm;

4)6(套)气动式垂直型材夹具;

5)6(套)4 轴钻头,轴间距 22～122 mm,最大加工深度 8 mm。

2. 角接口切割机

(1)性能。

1)此半自动型接口切割机,性能更优越;

2)最大切割范围(宽×高):185×185 mm

3)接口切割宽度:300 mm;

4)进给速度:1～4m/min

5)型材定位角度:30°—90°—45°;

6)转速:2880r. p. m;

7)双向锯刀均可作垂直及水平方向的斜锥切割;

8)水平方向锯刀可倾斜转动:45°—90°—45°;

9)垂直方向锯刀可倾斜转动:60°—90°—25°(后—中—前)。

(2)优越特性。

1)型材被定位夹紧后,切割头方可运作;

2)配有切割安全防护罩,同时由双手控制操作板;

3)此接口切割机同时可用作复合式斜锥切割机,以降低加工成本;

4)电机驱动锯刀的进给＋电子显示器。

(3)标准配置。

1)1(套)×气动式垂直、水平夹具;

2)2(件)×电机(3.0 kW,380 V,50 Hz);

3)2(件)×TCT 锯刀(直径 500 mm);

4)1(件)×操作控制台。

3. 组框机

(1)性能。

1)气动式推动操作;

2)可升降式型材背靠支座;

3)可上下调整式双夹角头;

4)气动式型材夹具;

5)配有操作安全防护罩;

6)双头脚踏板气动操作,安全简便。

(2)标准配置。

1)2(件)×可旋转式型材支撑架;

2)3(组)×夹刀:1 组厚 3 mm、1 组厚 5 mm、1 组厚 7 mm;

3)2(件)×型材背靠支座;厚度分别为 15 mm、30 mm;

4)2(件)×气动式垂直型材夹。

4. 注胶机

(1)注胶机操作规程。

1)注胶是幕墙加工生产的关键工序,经培训合格的人员才允许操作注胶机。

2)开机之前必须检查各开关是否在"停"位置,各仪表指示值在"0"位置,各连接件是否连接紧固,各润滑点是否需加注润滑油。

3)启动注胶机,观察各仪表示值是否在规定示值范围,各连接件是否有泄漏现象。

4)采用"蝴蝶试验"检验黑、白胶的混合情况,确认混合正常之后方可正式注胶,工作过程中,注意观察设备运行情况,注胶、混胶情况。

5)工作完毕,中途休息,因故需停机时间超过 10 分钟者,必须用白胶清洗混胶器,清洗干净后方可停机。

(2)注胶过程中的常见问题。

1)注胶过程往往会出现"白胶",主要原因是:①注胶机的工作压力过高,注胶机往往会出"白胶",②胶泵的单向阀不能关闭;③注胶枪的单向阀复位弹簧过紧;④阀门、活塞磨损过大引起内泄漏过大,⑤胶枪堵塞(主要是注胶器的螺旋棒)等,实际工作中要多加分析、辨别,以便对症下药。

2)注胶过程中有时胶枪中会出现"噼噼啪啪"的爆破声,或胶中出现气泡,这主要是提长—压胶装置的问题,其一可能是压胶盖放入桶中时没有排放完桶内的空气;其二可能是提升缸的活塞,端盖等处的密封元件已经失效,压胶盖无法紧压胶面而使空气漏入,胶泵抽空,从而使输出的胶体中混入空气。

第四章 加工制作

第一节 基本加工作业

一、下料切割作业

1. 准备

认真阅读图纸及工艺卡片,熟悉掌握其要求。如有疑问,应及时向负责人提出。

2. 检查设备

(1)检查油路及润滑状况,按规定进行润滑。

(2)检查气路及电气线路,气路无泄漏,电气元件灵敏可靠。

(3)检查冷却液,冷却液量足够,喷嘴不堵塞且喷液量适中。

(4)调整锯片进给量,应与材料切割要求相符。

(5)检查安全防护装置,应灵敏可靠。

设备检查完毕应如实填写"设备点检表"。如设备存在问题,不属工作者维修范围的,应尽快填写"设备故障修理单"交维修班,通知维修人员进行维修。

3. 下料操作工艺

(1)检查材料,其形状及尺寸应与图纸相符,表面缺陷不超过标准要求。

(2)放置材料并调整夹具,要求夹具位置适当,夹紧力度适中。材料不能有翻动,放置方向及位置符合要求。

(3)当天切割第一根料时应预留 10～20 mm 的余量,检查切割质量及尺寸精度,调整机器达到要求后才能进行批量生产。

(4)产品自检。每次移动刀头后进行切割时,工作者须对首件产品进行检测,产品须符合以下质量要求。

1)擦伤、划伤深度不大于氧化膜厚度的 2 倍;擦伤总面积不大于 500 mm^2;划伤总长度不大于 150 mm;擦伤和划伤处数不超过 4 处。

2)长度尺寸允许偏差。立柱:±1.0 mm;横梁:±0.5 mm。

3)端头斜度允许偏差:$-15'$～$0°$。

4)截料端不应有明显加工变形,毛刺不大于 0.2 mm。

(5)如产品自检不合格时,应进行分析,如系机器或操作方面的问题,应及时调整或向设备工艺室反映。对不合格品应进行返修,不能返修时,应向班长汇报。

(6)首件检测合格后,则可进行批量生产。

4. 工作后

(1)工作完毕,及时填写"设备运行记录",并对设备进行清扫,在导轨等部位涂上防锈油。

(2)关机。关闭机器上的电源开关,拉下电源开关,关闭气阀。

(3)及时填写有关记录。

二、铝板下料作业

(1)按规定穿戴整齐劳动保护用品(工作服、鞋及手套)。

(2)认真阅读图纸,理解图纸,核对材料尺寸。如有疑问,应立即向负责人提出。

(3)按操作规程认真检查铝板机各紧固件是否紧固,各限位、定位挡块是否可靠。空车运行两三次,确认设备无异常情况。否则,应及时向负责人反映。

(4)将待加工铝板放置于料台之上,并确保铝板放置平整,根据工件的加工工艺要求,调整好各限位、定位挡块的位置。

(5)进行初加工,留出 3～5 mm 的加工余量,调整设备使加工的位置、尺寸符合图纸要求后再进行批量加工。

(6)加工好的产品应按以下标准和要求进行自检。

1)长宽尺寸允许偏差。

长边≤2 m 时:3.0 mm;

长边>2 m 时:3.5 mm。

2)对角线偏差要求。

长边≤2 m 时:3.0 mm;

长边>2 m 时:3.5 mm。

3)铝板表面应平整、光滑,无肉眼可见的变形、波纹和凹凸不平。

4)单层铝板平面度。

长边≤1.5 m 时:≤3.0 mm;

长边>1.5 m 时:≤3.5 mm。

5)复合铝板平面度。

长边≤1.5 m 时:≤2.0 mm;

长边>1.5 m 时:≤3.0 mm。

6)蜂窝铝板平面度。

长边≤1.5 m 时:≤1.0 mm;

长边>1.5 m 时:≤2.5 mm。

7)检查频率:批量生产前 5 件产品全检,批量生产中按 5% 的比例抽检。

（7）下好的料应分门别类地贴上标签,并分别堆放好。

（8）工作结束后,应立即切断电源,并清扫设备及工作场地,做好设备的保养工作。

三、冲切作业

1. 准备

参见下料切割作业相关内容。

2. 检查设备

（1）检查冷却液及润滑状况,润滑状况良好,冷却液满足要求。

（2）检查电气开关及其他元件,开关、控制按钮及行程开关等电气元件的动作应灵敏可靠。

（3）检查冲模和冲头的安装,应能准确定位且无松动。

（4）检查定位装置,应无松动。

（5）开机试运转,检查刀具转向是否正确,机器运转是否正常。

3. 加工操作工艺

（1）选择符合加工要求的冲模和冲头,安装到机器上,并调整好位置,同时调整冷却液喷嘴的方向。

注意:刀具定位装置要锁紧,以免刀具走位造成加工误差。

（2）检查材料。材料形状尺寸应与图纸相符,并检查上道工序的加工质量,包括尺寸精度及表面缺陷等应符合质量要求。

（3）装夹材料。材料的放置应符合加工要求。

（4）加工。初加工时先用废料加工,然后根据需要调整刀具位置直至符合要求,才能进行批量生产。

（5）每批料或当天首次开机加工的首件产品工作者须自行检测,产品须符合以下质量要求:

1)擦伤、划伤深度不大于氧化膜厚度的 2 倍;擦伤总面积不大于 500 mm^2;划伤总长度不大于 150 mm;擦伤和划伤处数不大于 4 处。

2)毛刺不大于 0.2 mm。

3)榫长及槽宽允许偏差为 $-0.5 \sim 0$ mm,定位允许偏差 $+0.5$ mm。

（6）如产品自检不合格时,应进行分析,如系机器或操作方面的问题,应及时调整或向设备工艺室反映。对不合格品应进行返修,不能返修时应向负责人汇报。

（7）产品自检合格后,方可进行批量生产。

4. 工作后

（1）工作完毕,对设备进行清扫,在导轨等部位涂上防锈油。

（2）关机。关闭机器上的电源开关，拉下电源开关，关闭气阀。

（3）及时填写有关记录。

四、钻孔作业

1. 准备

参见下料切割作业相关内容。

2. 检查设备

（1）检查气路及电气线路。气路应无泄漏，气压为 6～8 Pa，电气开关等元件灵敏可靠。

（2）检查润滑状况及冷却液量。

（3）检查电机运转情况。

（4）开机试运转，应无异常现象。

3. 加工操作工艺

（1）检查材料。材料形状尺寸应与图纸相符，并检查上道工序的加工质量，包括尺寸及表面缺陷等。

（2）放置材料并调整夹具。夹具位置适当，夹紧力度适中；材料不能有翻动，放置位置符合加工要求。

（3）调整钻头位置、转速、下降速度以及冷却液的喷射量等。

（4）加工。初加工时下降速度要慢，待加工无误后方能进行批量生产。

（5）每批料或当天首次开机加工的首件产品工作者须自行检测，产品须符合以下质量要求：

1）擦伤、划伤深度不大于氧化膜厚度的 2 倍；擦伤总面积不大于 500 mm^2；划伤总长度不大于 150 mm；擦伤和划伤处数不大于 4 处。

2）毛刺不大于 0.2 mm。

3）孔位允许偏差为 ±0.5 mm，孔距允许偏差为 ±0.5 mm，累计偏差不大于 ±1.0 mm。

（6）如产品自检不合格时，应进行分析，如系机器或操作方面的问题，应及时调整或向设备工艺室反映。对不合格品应进行返修，不能返修时应向负责人汇报。

（7）产品自检合格后，方可进行批量生产。

4. 工作后

参见冲切作业相关内容。

五、锣榫加工作业

1. 准备

参见下料切割作业相关内容。

2. 检查设备

(1)检查冷却液及润滑状况,润滑状况良好,冷却液满足要求。

(2)检查电气开关及其他元件,开关、控制按钮及行程开关等电气元件的动作应灵敏可靠。

(3)检查铣刀安装装置,应能准确定位且无松动。

(4)检查定位装置,应无松动。

(5)开机试运转,检查刀具转向是否正确,机器运转是否正常。

3. 加工操作工艺

(1)选择符合加工要求的铣刀,安装到机器上,并调整好位置,同时调整冷却液喷嘴的方向。

注意:刀具定位装置要锁紧,以免刀具走位造成加工误差。

(2)检查材料。材料形状尺寸应与图纸相符,并检查上道工序的加工质量,包括尺寸精度及表面缺陷等应符合质量要求。

(3)装夹材料。材料的放置应符合加工要求。

(4)加工。初加工时应有 2～3 mm 的加工余量,或先用废料加工,然后根据需要调整刀具位置直至符合要求,才能进行批量生产。

(5)每批料或当天首次开机加工的首件产品工作者须自行检测,产品须符合以下质量要求。

1)擦伤、划伤深度不大于氧化膜厚度的 2 倍;擦伤总面积不大于 500 mm²;划伤总长度不大于 150 mm;擦伤和划伤处数不大于 4 处。

2)毛刺不大于 0.2 mm。

3)榫长及槽宽允许偏差为-0.5～0 mm,定位允许偏差±0.5 mm。

(6)如产品自检不合格时,应进行分析,如系机器或操作方面的问题,应及时调整或向设备工艺室反映。对不合格品应进行返修,不能返修时应向负责人汇报。

(7)产品自检合格后,方可进行批量生产。

4. 工作后

参见冲切作业相关内容。

六、铣加工作业

1. 准备

参见下料切割作业相关内容。

2. 检查设备

(1)检查设备润滑状况,应符合要求。

(2)检查电气开关及其他元件,动作应灵敏可靠。

(3)冷却液量应足够。

(4)检查设备上的紧固件应无松动。

(5)开机试运转,设备应无异常。

3. 加工操作工艺

(1)按加工要求选择模板和刀具,安装到设备上。

(2)检查材料。材料形状尺寸应与图纸相符,并检查上道工序的加工质量,包括尺寸精度及表面缺陷等应符合质量要求。

(3)调整铣刀行程及喷嘴位置。

(4)加工。初加工时应先用废料加工或留有 1～3 mm 的加工余量,然后根据需要进行调整,直至加工质量符合要求,才能进行批量生产。

(5)每批料或当天首次开机加工的首件产品工作者须自行检测,产品须符合以下质量要求:

1)擦伤、划伤深度不大于氧化膜厚度的 2 倍;擦伤总面积不大于 500 mm²;划伤总长度不大于 150 mm;擦伤和划伤处数不大于 4 处。

2)毛刺不大于 0.2 mm。

3)孔位允许偏差为±0.5 mm,孔距允许偏差为±0.5 mm,累计偏差不大于±1.0 mm。

4)槽及豁的长、宽尺寸允许偏差为:0～＋0.5 mm,定位允许偏差±0.5 mm。

(6)如产品自检不合格时,应进行分析,如系机器或操作方面的问题,应及时调整或向设备工艺室反映。对不合格品应进行返修,不能返修时应向负责人汇报。

(7)产品自检合格后,方可进行批量生产。

4. 工作后

参见冲切作业相关内容。

七、铝板组件制作

(1)认真阅读图纸,理解图纸,核对铝板组件尺寸。

(2)检查风钻、风批及风动拉铆枪是否能够正常使用。

(3)检查组件(包括铝板、槽铝、角铝等加工件)尺寸、方向是否正确、表面是否有缺陷等。

(4)将铝板折弯,达到图纸尺寸要求。

(5)在槽铝上贴上双面胶条,然后按图纸要求粘贴在铝板的相应位置并压紧。

(6)用风钻配制铝板与槽铝拉铆钉孔。

(7)用风动拉铆枪将铝板和槽铝用拉铆钉拉铆连接牢固。

(8)将角铝(角码)按图纸尺寸与相应件配制并拉铆连接牢固。

(9)工作者须按以下标准对产品进行自检。

1)复合板刨槽位置尺寸允差±1.5 mm;刨槽深度以中间层的塑料填充料余留 0.2~0.4 mm 为宜;单层板折边的折弯高度差允许±1 mm。

2)长宽尺寸偏差要求。

长边≤2 m:3.0 mm;

长边>2 m:3.5 mm。

3)对角线偏差要求。

长边≤2 m:3.0 mm;

长边>2 m:3.5 mm。

4)角码位置允许偏差 1.5 mm,且铆接牢固;组角缝隙≤2.0 mm。

5)铝板表面应平整、光滑,无肉眼可见的变形、波纹和凹凸不平,铝板无严重表观缺陷和色差。

6)单层铝板平面度。

当长边≤2 m 时:≤3.0 mm;

当长边>2 m 时:≤5.0 mm。

7)复合铝板平面度。

当长边≤2 m 时:≤2.0 mm;

当长边>2 m 时:≤3.0 mm。

8)蜂窝铝板平面度。

当长边≤2 m 时:≤1.0 mm;

当长边>2 m 时:≤2.0 mm。

(10)出现以下问题时,工作者应及时处理,处理不了时立即向负责人反映。

1)长宽尺寸超差:返修或报废。

2)对角线尺寸超差:调整、返修或报废。

3)表面变形过大或平整度超差:调整、返修或报废。

4)铝板与槽铝或角铝铆接不实:钻掉重铆,铆接时应压紧。

5)组角间隙过大:挫修、压实后铆紧。

(11)工作完毕,应清理设备及清扫工作场地,做好工具的保养工作。

八、组角作业

(1)认真阅读图纸,理解图纸,核对框(扇)料尺寸。如有疑问,应立即向负责人提出。

(2)检查组角机气源三元件,并按规定排水、加润滑油和调整压力至工作压力范围内。具体检查项目为:

1)气路无异常,气压足够;

2)无漏气、漏油现象;

3)在润滑点上加油,进行润滑;

4)液压油量符合要求;

5)开关及各部件动作灵敏;

6)开机试运转无异常。

(3)选择合适的组角刀具,并牢固安装在设备上。

(4)调整机器,特别是调整组角刀的位置和角度。挤压位置一般距角50 mm,若不符,则调整到正确位置。

(5)空运行1～3次,如有异常,应立即停机检查,排除故障。

(6)检查各待加工件是否合格,是否已清除毛刺,是否有划伤、色差等缺陷,所穿胶条是否合适。

(7)组角(图纸如有要求,组角前在各连接处涂少量窗角胶,并在撞角前再在角内垫上防护板),并检测间隙。

(8)组角后应进行产品自检。每次调整刀具后所组的首件产品工作者须自行检测,产品须符合以下质量要求:

1)对角线尺寸偏差。

长边≤2 m:≤2.5 mm;

长边>2 m:≤3.0mm。

2)接缝高低差:≤0.5mm。

3)装配间隙:≤0.5mm。

4)对于较长的框(扇)料,其弯曲度应小于相关的规定,表面平整,无肉眼可见的变形、波纹和凹凸不平。

5)组装后框架无划伤,各加工件之间无明显色差,各连接处牢固,无松动现象。

6)整体组装后保持清洁,无明显污物。产品质量不合格,应返修。如系设备问题,应向设备工艺室反馈。

(9)工作结束后,切断电(气)源,并擦洗设备及清扫工作场地,做好设备的保养工作。

(10)及时填写有关记录。

九、门窗组装作业

(1)认真阅读图纸,理解图纸,核对下料尺寸。如有疑问,应及时向负责人提出。

(2)准备风批、风钻等工具,按点检要求检查组角机。发现问题应及时向负责人反映。

(3)清点所用各类组件(包括标准件、多点锁等),并根据具体情况放置在相应的工作地点。

(4)检查各类加工件是否合格,是否已清除毛刺,是否有划伤、色差等缺陷。

(5)对照组装图,先对部分组件穿胶条。

(6)配制相应的框料或角码。

(7)按先后顺序由里至外进行组装。

(8)组角(组角前在各连接处涂少量窗角胶,并在撞角前再在窗角内垫上防护板)。

(9)焊接胶条。

(10)装执手、铰链等配件。

(11)装多点锁。

(12)在接合部、工艺孔和螺丝孔等防水部位涂上耐候胶以防水渗漏。

(13)产品自检。工作者应对组装好的产品进行全数检查。组装好的产品应符合以下标准:

1)对角线控制。

长边≤2 m:≤2.5 mm;

长边>2 m:≤3.0 mm。

2)接缝高低差:≤0.5 mm。

3)装配间隙:≤0.5 mm。

4)组装后的框架无划伤。

5)各加工件之间无明显色差。

6)多点锁及各五金件活动自如,无卡住等现象。

7)各连接处牢固,无松动现象。

8)各组件均无毛刺、批锋等。

9)密封胶条连接处焊接严实,无漏气现象。

10)对于较长的框(扇)料,其弯曲度应小于规定,表面平整,无肉眼可见的变形、波纹和凹凸不平。

11)整体组装后保持清洁,无明显污物。

(14)对首件组装好的窗扇(或门扇)须进行防水检验。方法为:用纸张检查扇与框的压紧程度,或直接用水喷射,检查是否漏水。

(15)组装好的产品应分类堆放整齐,并进行产品标识。

(16)工作结束后,立即切断电(气)源,并擦拭设备及清扫工作场地,做好设备的保养工作。

(17)出现以下问题时应及时处理。

1)加工件毛刺未清、有划伤或色差较大:返修或重新下料制作。

2)对角线尺寸超差:调整或返修。

3)组角不牢固:调整组角机或反馈至设备工艺室进行处理后再进行组角。

4)锁点过紧:调整多点锁紧定螺丝或锉修滑动槽。

5)连接处间隙过大:返修或在缝隙处打同颜色的结构胶。

6)漏水。进行调整,直到合格为止,然后按已经确认合格的产品的组装工艺进行组装。

(18)工作完毕,及时填写有关记录并清扫周围环境卫生。

十、清洁及粘框作业

(1)认真阅读、理解图纸,核对玻璃、框料及双面胶条的尺寸是否与图纸相符。如有疑问,应立即向负责人提出。

(2)所用的清洁剂须经检验部门检查确认。同时,可将清洁剂倒置进行观察,应无混浊等异常现象。

(3)按以下标准检查上道工序的产品质量:

1)对角线控制。

长边≤2 m:≤2.5 mm;

长边>2 m:≤3.0 mm。

2)接缝高低差控制:≤0.5 mm。

3)装配间隙控制:≤0.5 mm。

检查过程中如发现问题,应及时处理,解决不了时,应立即向负责人反映。

(4)撕除框料上影响打胶的保护胶纸。

(5)用"干湿布法"(或称"二块布法")清洁框料和玻璃:将合格的清洁剂倒入干净而不脱毛的白布后,先用沾有清洁剂的白布清洁粘贴部位,接着在溶剂未干之前用另一块干净的白布将表面残留的溶剂、松散物、尘埃、油渍和其他脏物清除干净。禁止用抹布重复沾入溶剂内,已带有污渍的抹布不允许再使用。

(6)在框料的已清洁处粘贴双面胶条。

(7)将玻璃与框对正,然后粘贴牢固。

(8)玻璃与铝框偏差≤1 mm。

(9)玻璃与框组装好后,应分类摆放整齐。

(10)粘好胶条及玻璃后因设备等原因未能在60分钟内注胶,应取下玻璃及胶条,重新清洁后粘胶条和玻璃,然后才能注胶。

(11)工作完毕清扫场地。

十一、注胶作业

(1)注胶房内应保持清洁,温度在5~30 ℃之间,湿度在45%~75%之间。

(2)按注胶机操作规程及点检项目要求检查设备。点检项目为：

1)检查气源气路,气压应足够,且无泄漏现象;

2)检查润滑装置应作用良好;

3)各开关动作灵活;

4)各仪表状态良好;

5)检查空气过滤器;

6)出胶管路及接头无泄漏或堵塞:

7)胶枪使用正常;

8)开机试运转,出胶、混胶均正常,无其他异常现象。

(3)检查上道工序质量。玻璃与铝框位置偏差应不大于 1 mm,双面粘胶不走位,框料及玻璃的注胶部位无污物。

(4)清洁粘框后须在 60 分钟内注胶,否则应重新清洁粘框。

(5)确认结构胶和清洁剂的有效使用日期。

(6)配胶成分应准确,白胶与黑胶的重量比例应为 12:1(或按结构胶的要求确定比例),同时进行"蝴蝶试验"及拉断试验,符合要求后方可注胶。

(7)注胶过程中应时刻观察胶的变化,应无白胶或气泡。

(8)注胶后应及时刮胶,刮胶后胶面应平整饱满,特别注意转角处要有棱角。

(9)出现以下问题时,应及时进行处理。

1)出现白胶:应立即停止注胶,进行调整。

2)出现气泡:应立即停止注胶,检查设备运行状况和黑、白胶的状态,排除故障后方可继续进行。

(10)工作完毕或中途停机 15 分钟以上,必须用白胶清洗混胶器。

(11)及时填写"注胶记录"。

(12)清洁环境卫生。

十二、多点锁安装

(1)认真阅读图纸,理解图纸,核对窗(或门)框料尺寸及多点锁型号及锁点数量。

(2)准备风钻、风批等工具。

(3)清点所用组件,并放置于相应的工作地点备用。

(4)先将锁点铆接到相应的连动杆上。

(5)清除钻孔等产生的毛刺。

(6)安装多点锁。按先内后外,先中心后两边的顺序组装各配件。先装入主连动杆,并将其与锁体相连接。

(7)装入转角器及其他连动杆,并将固定螺丝拧紧。固定大转角器时,应将锁调到平开位置(大转角器的伸缩片上有两个凸起的点,旁边有一方框,将那两个点调到方框的中间位置)。

(8)锁的所有配件上的螺丝,其头部须拧紧至与配件的表面平齐。

(9)定铰链位置时,需保证安装在它端头的活页与窗扇(或门扇)的边缘相距1 mm左右(活页上的螺丝孔须与铰链上的螺丝孔对齐);活页尽可能只装一次,如反复拆装将会对其上的螺纹造成损坏。

(10)安装把手,检查多点锁的安装效果。要求组装后其松紧程度适中,无卡涩现象。如出现以下问题,应及时处理。

1)锁开启过紧:修整连接杆及槽内的毛刺,调整固定螺丝的松紧程度。

2)锁点位置不对:对照图纸进行检查修正。

(11)为保证产品在运输途中不被碰伤,窗锁及合页等高出扇料表面的配件暂不安装,把手在检查多点锁安装效果后应拆除,到工地后再安装。

(12)产品自检。

1)每件产品均须检查多点锁的安装效果;

2)首件产品须装到框上,检查多点锁的安装效果和扇与框的配合效果,并检查扇与框组装后的防水性能。如不符合要求.应调整直至合格,然后按此合格品的组装工艺进行批量组装。

3)批量组装时按5%的比例抽查扇与框的配合效果。

(13)工作完毕,打扫周围环境卫生。

第二节　幕墙构件加工制作

一、一般规定

(1)玻璃幕墙在加工制作前应与土建设计施工图进行核对,对已建主体结构进行复测,并应按实测结果对幕墙设计进行必要调整。

(2)加工幕墙构件所采用的设备、机具应满足幕墙构件加工精度要求,其量具应定期进行计量认证。

(3)采用硅酮结构密封胶黏结固定隐框玻璃幕墙构件时,应在洁净、通风的室内进行注胶,且环境温度、湿度条件应符合结构胶产品的规定;注胶宽度和厚度应符合设计要求。

(4)除全玻幕墙外,不应在现场打注硅酮结构密封胶。

(5)单元式幕墙的单元组件、隐框幕墙的装配组件均应在工厂加工组装。

(6)低辐射镀膜玻璃应根据其镀膜材料的黏结性能和其他技术要求,确定加工制作工艺;镀膜与硅酮结构密封胶不相容时,应除去镀膜层。

(7)硅酮结构密封胶不宜作为硅酮建筑密封胶使用。

二、铝型材

(1)玻璃幕墙的铝合金构件的加工应符合下列要求。

1)铝合金型材截料之前应进行校直调整;

2)横梁长度允许偏差为±0.5 mm,立柱长度允许偏差为±1.0 mm,端头斜度的允许偏差为−15′(图4-1、图4-2)。

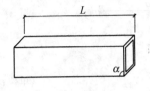 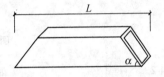

图4-1 直角截料 图4-2 斜角截料

3)截料端头不应有加工变形,并应去除毛刺;

4)孔位的允许偏差为±0.5 mm,孔距的允许偏差为±0.5 mm,累计偏差为±1.0 mm;

5)铆钉的通孔尺寸偏差应符合现行国家标准《紧固件 铆钉用通孔》(GB 152.1—1988)的规定;

6)沉头螺钉的沉孔尺寸偏差应符合现行国家标准《紧固件 沉头螺钉用沉孔》(GB 152.2—1988)的规定;

7)圆柱头、螺栓的沉孔尺寸应符合现行国家标准《紧固件 圆柱头用沉孔》(GB 152.3—1988)的规定;

8)螺丝孔的加工应符合设计要求。

(2)玻璃幕墙铝合金构件中槽、豁、榫的加工应符合下列要求。

1)铝合金构件槽口尺寸(图4-3)允许偏差应符合表4-1的要求;

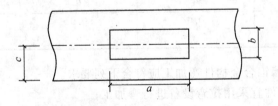

图4-3 槽口示意图

表4-1   槽口尺寸允许偏差   (单位:mm)

项 目	a	b	c
允许偏差	+0.5 0.0	+0.5 0.0	±0.5

2)铝合金构件豁口尺寸(图 4-4)允许偏差应符合表 4-2 的要求;

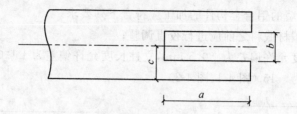

图 4-4 豁口示意图

表 4-2   豁口尺寸允许偏差   (单位:mm)

项 目	a	b	c
允许偏差	+0.5 0.0	+0.5 0.0	±0.5

3)铝合金构件榫头尺寸(图 4-5)允许偏差应符合表 4-3 的要求。

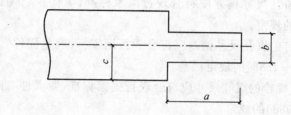

图 4-5 榫头示意图

表 4-3   榫头尺寸允许偏差   (单位:mm)

项 目	a	b	c
允许偏差	0.0 -0.5	0.0 -0.5	±0.5

(3)玻璃幕墙铝合金构件弯加工应符合下列要求。

1)铝合金构件宜采用拉弯设备进行弯加工;

2)弯加工后的构件表面应光滑,不得有皱折、凹凸、裂纹。

三、钢构件

(1)平板型预埋件加工精度应符合下列要求。

1)锚板边长允许偏差为±5 mm;

2)一般锚筋长度的允许偏差为+10 mm,两面为整块锚板的穿透式预埋件的锚筋长度的允许偏差为+5 mm,均不允许负偏差;

3)圆锚筋的中心线允许偏差为±5 mm；

4)锚筋与锚板面的垂直度允许偏差为$l_s/30$（l_s为锚固钢筋长度，单位为 mm）。

（2）槽型预埋件表面及槽内应进行防腐处理，其加工精度应符合下列要求。

1)预埋件长度、宽度和厚度允许偏差分别为$+10$ mm、$+5$ mm 和$+3$ mm，不允许负偏差；

2)槽口的允许偏差为$+1.5$ mm，不允许负偏差；

3)锚筋长度允许偏差为$+5$ mm，不允许负偏差；

4)锚筋中心线允许偏差为±1.5 mm；

5)锚筋与槽板的垂直度允许偏差为$l_s/30$（l_s为锚固钢筋长度，单位为 mm）。

（3）玻璃幕墙的连接件、支承件的加工精度应符合下列要求。

1)连接件、支承件外观应平整，不得有裂纹、毛刺、凹凸、翘曲、变形等缺陷；

2)连接件、支承件加工尺寸

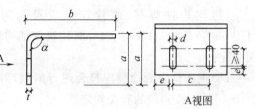

图 4-6　连接件、支承件尺寸示意图

（图 4-6）允许偏差应符合表 4-4 的要求。

表 4-4　　　　　　　连接件、支承件尺寸允许偏差　　　　　　（单位：mm）

项　目	允许偏差	项　目	允许偏差
连接件高 a	$+5,-2$	边距 e	$+1.0,0$
连接件长 b	$+5,-2$	壁厚 t	$+0.5,-0.2$
孔距 c	$±1.0$	弯曲角度 $α$	$±2°$
孔宽 d	$+1.0,0$		

（4）钢型材立柱及横梁的加工应符合现行国家标准《钢结构工程施工质量验收规范》(GB 50205—2001)的有关规定。

（5）点支承玻璃幕墙的支承钢结构加工应符合下列要求。

1)应合理划分拼装单元；

2)管桁架应按计算的相贯线，采用数控机床切割加工；

3)钢构件拼装单元的节点位置允许偏差为±2.0 mm；

4)构件长度、拼装单元长度的允许正、负偏差均可取长度的1/2000；

5)管件连接焊缝应沿全长连续、均匀、饱满、平滑、无气泡和夹渣；支管壁厚小于 6 mm 时可不切坡口；角焊缝的焊脚高度不宜大于支管壁厚的 2 倍；

6)钢结构的表面处理应符合《玻璃幕墙工程技术规范》(JGJ 102—2003)第

3.3 节的有关规定;

7)分单元组装的钢结构,宜进行预拼装。

(6)杆索体系的加工尚应符合下列要求。

1)拉杆、拉索应进行拉断试验;

2)拉索下料前应进行调直预张拉,张拉力可取破断拉力的 50%,持续时间可取 2 小时;

3)截断后的钢索应采用挤压机进行套筒固定;

4)拉杆与端杆不宜采用焊接连接;

5)杆索结构应在工作台座上进行拼装,并应防止表面损伤。

(7)钢构件焊接、螺栓连接应符合现行国家标准《钢结构设计规范》(GB 50017—2003)及行业标准《建筑钢结构焊接技术规程》(JGJ 81—2002)的有关规定。

(8)钢构件表面涂装应符合现行国家标准《钢结构工程施工质量验收规范》(GB 50205—2001)的有关规定。

四、玻璃

(1)玻璃幕墙的单片玻璃、夹层玻璃、中空玻璃的加工精度应符合下列要求。

1)单片钢化玻璃,其尺寸的允许偏差应符合表 4-5 的要求;

表 4-5　　　　　　　　　　钢化玻璃尺寸允许偏差　　　　　　　　（单位:mm）

项　目	玻璃厚度/mm	玻璃边长 L≤2000	玻璃边长 L>2000
边长	6,8,10,12	±1.5	±2.0
	15,19	±2.0	±3.0
对角线差	6,8,10,12	≤2.0	≤3.0
	15,19	≤3.0	≤3.5

2)采用中空玻璃时,其尺寸的允许偏差应符合表 4-6 的要求;

表 4-6　　　　　　　　　　中空玻璃尺寸允许偏差　　　　　　　　（单位:mm）

项　目	允　许　偏　差	
边　长	L<1000	±2.0
	1000≤L<2000	+2.0,−3.0
	L≥2000	±3.0
对角线差	L≤2000	≤2.5
	L>2000	≤3.5

项　目		允　许　偏　差
厚　度	$t<17$	±1.0
	$17\leqslant t<22$	±1.5
	$t\geqslant 22$	±2.0
叠　差	$L<1000$	±2.0
	$1000\leqslant L<2000$	±3.0
	$2000\leqslant L<4000$	±4.0
	$L\geqslant 4000$	±6.0

3)采用夹层玻璃时,其尺寸允许偏差应符合表 4-7 的要求。

表 4-7　　　　　　　　　夹层玻璃尺寸允许偏差　　　　　　　（单位:mm）

项　目		允　许　偏　差
边　长	$L\leqslant 2000$	±2.0
	$L>2000$	±2.5
对角线差	$L\leqslant 2000$	≤2.5
	$L>2000$	≤3.5
叠　差	$L<1000$	±2.0
	$1000\leqslant L<2000$	±3.0
	$2000\leqslant L<4000$	±4.0
	$L\geqslant 4000$	±6.0

（2）玻璃弯加工后,其每米弦长内拱高的允许偏差为±3.0 mm,且玻璃的曲边应顺滑一致;玻璃直边的弯曲度,拱形时不应超过 0.5%,波形时不应超过 0.3%。

（3）全玻幕墙的玻璃加工应符合下列要求。

1)玻璃边缘应倒棱并细磨;外露玻璃的边缘应精磨;

2)采用钻孔安装时,孔边缘应进行倒角处理,并不应出现崩边。

（4）点支承玻璃加工应符合下列要求。

1)玻璃面板及其孔洞边缘均应倒棱和磨边,倒棱宽度不宜小于 1 mm,磨边宜细磨;

2)玻璃切角、钻孔、磨边应在钢化前进行;

3)玻璃加工的允许偏差应符合表 4-8 的规定;

表 4-8   点支承玻璃加工允许偏差

项　目	边长尺寸	对角线差	钻孔位置	孔　距	孔轴与玻璃平面垂直度
允许偏差	±1.0 mm	≤2.0 mm	±0.8 mm	±1.0 mm	±12′

4)中空玻璃开孔后,开孔处应采取多道密封措施;

5)夹层玻璃、中空玻璃的钻孔可采用大、小孔相对的方式。

(5)中空玻璃合片加工时,应考虑制作处和安装处不同气压的影响,采取防止玻璃大面变形的措施。

五、明框幕墙组件

(1)明框幕墙组件加工尺寸允许偏差应符合下列要求。

1)组件装配尺寸允许偏差应符合表 4-9 的要求;

表 4-9   组件装配尺寸允许偏差   (单位:mm)

项目	构件长度	允许偏差
型材槽口尺寸	≤2000	±2.0
	>2000	±2.5
组件对边尺寸差	≤2000	≤2.0
	>2000	≤3.0
组件对角线尺寸差	≤2000	≤3.0
	>2000	≤3.5

2)相邻构件装配间隙及同一平面度的允许偏差应符合表 4-10 的要求。

表 4-10   相邻构件装配间隙及同一平面度的允许偏差   (单位:mm)

项　目	允许偏差	项　目	允许偏差
装配间隙	≤0.5	同一平面度差	≤0.5

(2)单层玻璃与槽口的配合尺寸(图 4-7)应符合表 4-11 的要求。

表 4-11   单层玻璃与槽口的配合尺寸   (单位:mm)

玻璃厚度/mm	a	b	c
5～6	≥3.5	≥15	≥5
8～10	≥4.5	≥16	≥5
不小于 12	≥5.5	≥18	≥5

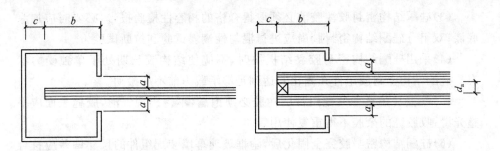

图 4-7　单层玻璃与槽口的配合示意图　　　图 4-8　中空玻璃与槽口的配合示意图

（3）中空玻璃与槽口的配合尺寸（图 4-8）应符合表 4-12 的要求。

表 4-12　　　　　　　　　　中空玻璃与槽口的配合尺寸　　　　　　　　（单位：mm）

中空玻璃厚度 /mm	a	b	c		
			下边	上边	侧边
$6+d_a+6$	≥5	≥17	≥7	≥5	≥5
$8+d_a+8$ 及以上	≥6	≥18	≥7	≥5	≥5

注：d_a 为空气层厚度，不应小于 9 mm。

（4）明框幕墙组件的导气孔及排水孔设置应符合设计要求，组装时应保证导气孔及排水孔通畅。

（5）明框幕墙组件应拼装严密。设计要求密封时，应采用硅酮建筑密封胶进行密封。

（6）明框幕墙组装时，应采取措施控制玻璃与铝合金框料之间的间隙。玻璃的下边缘应采用两块压模成型的氯丁橡胶垫块支承。

六、隐框幕墙组件

（1）半隐框、隐框幕墙中，对玻璃面板及铝框的清洁应符合下列要求。

1）玻璃和铝框黏结表面的尘埃、油渍和其他污物，应分别使用带溶剂的擦布和干擦布清除干净；

2）应在清洁后一小时内进行注胶；注胶前再度污染时，应重新清洁；

3）每清洁一个构件或一块玻璃，应更换清洁的干擦布。

（2）使用溶剂清洁时，应符合下列要求。

1）不应将擦布浸泡在溶剂里，应将溶剂倾倒在擦布上；

2）使用和贮存溶剂，应采用干净的容器；

3）使用溶剂的场所严禁烟火；

4）应遵守所用溶剂标签或包装上标明的注意事项。

（3）硅酮结构密封胶注胶前必须取得合格的相容性检验报告，必要时应加涂底漆；双组分硅酮结构密封胶尚应进行混匀性蝴蝶试验和拉断试验。

（4）采用硅酮结构密封胶黏结板块时，不应使结构胶长期处于单独受力状态。硅酮结构密封胶组件在固化并达到足够承载力前不应搬动。

（5）隐框玻璃幕墙装配组件的注胶必须饱满，不得出现气泡，胶缝表面应平整光滑；收胶缝的余胶不得重复使用。

（6）硅酮结构密封胶完全固化后，隐框玻璃幕墙装配组件的尺寸偏差应符合表 4-13 的规定。

表 4-13　　　　结构胶完全固化后隐框玻璃幕墙组件的尺寸允许偏差　　（单位：mm）

序号	项　目	尺寸范围	允许偏差
1	框长宽尺寸		±1.0
2	组件长度尺寸		±2.5
3	框接缝高度差		≤0.5
4	框内侧对角线差及组件对角线差	当长边≤2000 时	≤2.5
		当长边＞2000 时	≤3.5
5	框组装间隙		≤0.5
6	胶缝宽度		+2.0 0
7	胶缝厚度		+0.5 0
8	组件周边玻璃与铝框位置差		±1.0
9	结构组件平面度		≤3.0
10	组件厚度		±1.5

（7）当隐框玻璃幕墙采用悬挑玻璃时，玻璃的悬挑尺寸应符合计算要求，且不宜超过 150 mm。

七、单元式玻璃幕墙

（1）单元式玻璃幕墙在加工前应对各板块编号，并应注明加工、运输、安装方向和顺序。

（2）单元板块的构件连接应牢固，构件连接处的缝隙应采用硅酮建筑密封胶密封。

（3）单元板块的吊挂件、支撑件应具备可调整范围，并应采用不锈钢螺栓将吊挂件与立柱固定牢固,固定螺栓不得少于 2 个。

(4)单元板块的硅酮结构密封胶不宜外露。

(5)明框单元板块在搬动、运输、吊装过程中,应采取措施防止玻璃滑动或变形。

(6)单元板块组装完成后,工艺孔宜封堵,通气孔及排水孔应畅通。

(7)当采用自攻螺钉连接单元组件框时,每处螺钉不应少于 3 个,螺钉直径不应小于 4 mm。螺钉孔最大内径、最小内径和拧入扭矩应符合表 4-14 的要求。

表 4-14　　　　　　　　　螺钉孔内径和扭矩要求

螺钉公称直径/mm	孔径/mm		扭矩/Nm
	最　小	最　大	
4.2	3.430	3.480	4.4
4.6	4.015	4.065	6.3
5.5	4.735	4.785	10.0
6.3	5.475	5.525	13.6

(8)单元组件框加工制作允许偏差应符合表 4-15 的规定。

表 4-15　　　　　　　　单元组件框加工制作允许尺寸偏差

序号	项　目		允　许　偏　差	检　查　方　法
1	框长(宽)度 /mm	≤2000	±1.5 mm	钢尺或板尺
		>2000	±2.0 mm	
2	分格长(宽)度 /mm	≤2000	±1.5 mm	钢尺或板尺
		>2000	±2.0 mm	
3	对角线长度差 /mm	≤2000	≤2.5 mm	钢尺或板尺
		>2000	≤3.5 mm	
4	接缝高低差		≤0.5 mm	游标深度尺
5	接缝间隙		≤0.5 mm	塞片
6	框面划伤		≤3 处,且总长≤100 mm	
7	框料擦伤		≤3 处,且总面积≤200 mm²	

(9)单元组件组装允许偏差应符合表 4-16 的规定。

表4-16　　　　　　　　　　　单元组件组装允许偏差

序号	项 目		允许偏差/mm	检查方法
1	组件长度、宽度/mm	≤2000	±1.5	钢尺
		>2000	±2.0	
2	组件对角线长度差/mm	≤2000	≤2.5	钢尺
		>2000	≤3.5	
3	胶缝宽度		+1.0 0	卡尺或钢板尺
4	胶缝厚度		+0.5 0	卡尺或钢板尺
5	各搭接量（与设计值比）		+1.0 0	钢板尺
6	组件平面度		≤1.5	1 m靠尺
7	组件内镶板间接缝宽度（与设计值比）		±1.0	塞尺
8	连接构件竖向中轴线距组件外表面（与设计值比）		±1.0	钢尺
9	连接构件水平轴线距组件水平对插中心线		±1.0(可上、下调节时±2.0)	钢尺
10	连接构件竖向轴线距组件竖向对插中心线		±1.0	钢尺
11	两连接构件中心线水平距离		±1.0	钢尺
12	两连接构件上、下端水平距离差		±0.5	钢尺
13	两连接构件上、下端对角线差		±1.0	钢尺

八、玻璃幕墙构件检验

(1)玻璃幕墙构件应按构件的5％进行随机抽样检查,且每种构件不得少于5件。当有一个构件不符合要求时,应加倍抽查,复检合格后方可出厂。

(2)产品出厂时,应附有构件合格证书。

第三节　金属板加工制作

一、单层铝板

1. 选料

单层铝板的基材应优先选用3×××系列或5×××单层铝板如3003H14(H24)、3A21H14(H24)、5005 H14(H24)、5754H12(H22)、H14(H24)等牌号单层

铝板,其质量应符合《铝幕墙板　板基》(YS/T 429.1—2000)的规定。外表面要进行氟碳涂漆处理,目前有三种涂漆工艺可供择用,即辊涂(一般5754采用)、喷涂和贴膜。辊涂一般为二涂,喷涂可采用二涂、三涂、四涂,其质量应符合《铝幕墙板氟碳喷漆铝单板》(YS/T 429.2—2000)和《建筑用铝型材、铝板氟碳涂层》(JG/T 133—2000)的规定,内表面可采用树脂漆一涂。喷涂后与采用的基材相对应的牌号和状态代号为3003H44、3A21A44、5005H44、5754H42(H44)。

2. 加工

(1)辊涂板用剪板机裁切后,用冲床冲孔(槽、豁、榫)后折边成型。

(2)喷涂板是将基材(光板)用剪板机裁切后用冲床冲孔(槽、豁、榫)后折边成型,再喷涂。

(3)当采用耳子连接时,耳子与折边的连接可采用焊接、铆接,也可直接将铝板冲压而成。铝板两侧耳子宜错位,以达到装在一根杆件上的两块铝板的耳子不重叠,折边(耳子)上的孔中心到板边缘距离。

1)顺内力方向不小于2 d;

2)垂直内力方向不小于1.5 d。

(4)当采用加筋肋时,加筋肋必须和折边可靠连接,连接一般采用角铝铆接(螺接)将加筋肋与折边固定。

(5)金属板材料加工允许偏差应符合表4-17的规定。

表4-17　　　　　　　　金属板材加工允许偏差　　　　　(单位:mm)

序号	项 目		允许偏差
1	边 长	≤2000	±2.0
		>2000	±2.5
2	对边尺寸	≤2000	≤2.5
		>2000	≤3.0
3	对角线长度	≤2000	2.5
		>2000	3.0
4	折弯高度		≤1.0
5	折边与板平面交角角度		±1°
6	平面度		≤2/1000
7	孔的中心距		±1.5
8	耳子位置		±1.5
9	肋位置		±1.5

二、复合铝板

1. 选料

复合铝板应选用符合《建筑幕墙用铝塑复合板》(GB/T 17748—2008)要求的外墙铝塑板,表面涂层应为氟碳树脂型。铝塑复合板所用铝材应符合《铝塑复合板用铝带》(YS/T 432—2000)规定的防锈铝,即 3003H16(H26)、H14(H24),其厚度不小于 0.5 mm。

2. 加工

复合铝板四周要折边,折边前要在四角部位冲切掉与折边等高的四边形,折边前应对折边部位刻槽,刻槽宜采用刻槽机刻槽,当采用手提刻槽机刻槽时,应采用通常靠尺,即刻槽时不能使用短靠尺一段段移动,并应控制槽的深度,槽底不得触及板面,即保 0.3~0.5 mm 塑料,以防刀具划伤外层铝板内表面,两槽间间距偏差不得大于 1 mm,不应显现蛇形弯。加工过程严禁与水接触,对孔、切口及角部位用密封胶密封。

加工允许偏差见表 4-17。

三、蜂窝铝板

1. 选料

蜂窝铝板一般选用面板为 3003H19 $T=1$ mm 表面氟碳喷涂防锈铝板(底板表面处理为保护性涂饰),铝蜂窝芯用 3003H19,铝箔 $T=0.05~0.07$ 蜂窝边长为 3/16″(1/4″,3/8″,3/4″,1″)。蜂窝板厚度可根据需要选用 6 mm,10 mm,15 mm 或 20 mm 厚。不能使用纸蜂窝蜂窝铝板。其性能应符合国家现行标准的有关规定及设计要求。

2. 加工

(1)切割蜂窝芯复合板能很容易的切割到所需尺寸,常用的锯子是带锯或带有硬质合金刀的盘锯,几块板同步切割可以很快的提高效率。

带锯和线切割可以完成精密切割,使用切割机、金属加工铣床、龙门铣床(不推荐使用闸刀式剪切机)可使加工衔接面平滑美观。

(2)滚弯。铝蜂窝芯复合板可以用适当的小半径滚弯机滚弯,例如韧性胶接的 10 mm 厚铝蜂窝板半径不小于500 mm;对于 6 mm 厚铝蜂窝板滚弯半径不小于 200 mm,三轴滚弯机可以更大的弯曲半径进行板弯曲,弯曲角度取决于辊子直径及辊直径,但会在圆弧的起始和终止部分出现 75~100 mm 的平直部分,如觉得不美观,那就要截去这一部分或者用扎压床把这部分扎弯。

(3)折弯(图 4-9)。铝蜂窝复合板折弯还可应用扎弯技术(图 4-10),扎弯时在背面应加工出 U 形槽,用以下几种折弯方法。

1)用扎压床同时扎压背面折弯。

2)用扎压床挤压背面边部形成圆弧板,折弯时为保证质量要在折弯台上进行。修整器适用于小批量、现场作业,大批量加工时,采用有起吊装置的圆盘刀沟槽切割机。

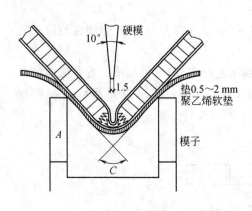

图 4-9 折弯

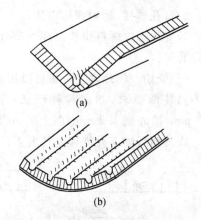

图 4-10 扎弯技术

(a)扎压床折弯;(b)扎压床挤压背面边部形成圆弧板

(4)挤压。铝蜂窝复合板可局部通过挤压减少厚度(不破坏芯子和蒙皮的粘拉而使蜂窝芯压缩)(图 4-11),允许施行以下加工方法(图 4-12)。

1)压缝;

2)用型材包边;

3)叠加连接;

4)用 H 型材连接。

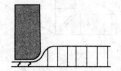

图 4-11 局部挤压

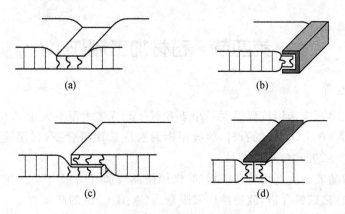

图 4-12 挤压加工方法

(a)压缝;(b)用型材包边;(c)叠加连接;(d)用 H 型材连接

（5）连接。铝蜂窝芯复合板能容易而且有效地连接到框架上，连接形状如下。

1）盲孔连接；

2）盲孔铆接，螺帽螺钉组装；

3）旋压螺纹螺钉组装。在气动荷载下，由于局部力的作用，热塑性胶防止复合板脱层。

（6）铣切。铝蜂窝复合板可以用简单工艺冷成型，这种刻槽折弯方法能够根据不同装饰要求，制成各种形状（图 4-13）。1 mm 厚面板背部可以刻槽深 0.5 mm，槽底宽 1.2 mm，向上呈 90°展开（图 4-14）。

蜂窝铝板加工允许偏差见表 4-17。

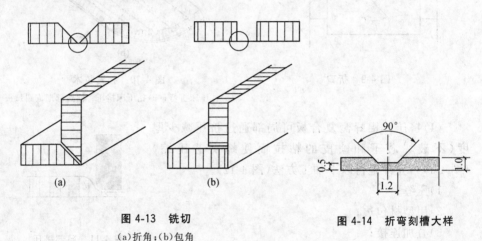

图 4-13　铣切
(a)折角；(b)包角

图 4-14　折弯刻槽大样

第四节　石材加工制作

一、选料

（1）花岗石应选用抗弯强度不小于 8 N/mm²，含水率不大于 0.6%，放射性核素限量为(A、B、C)级的石材，填缝用密封胶应选用符合《石材接缝用密封胶》(JC/T 883—2001)要求的产品。

（2）微晶玻璃应选用符合《建筑装饰用微晶玻璃》(JC/T 872—2000)要求，并经抗急冷急热试验合格，放射性核素限量为(A、B、C)级的产品。

（3）瓷板应选用符合《建筑幕墙瓷板》(JG/T 217—2007)的要求，放射性核素限量为(A、B、C)级的产品。

二、加工

1. 钢销式

钢销与托板(弯板)的允许偏差应符合《干挂饰面石材及其金属挂件 第二部分:金属挂件》(JC 830.2—2005)的规定。

石材钢销孔开孔允许偏差见表 4-18。

表 4-18 　　　　　　　　石材钢销孔开孔允许偏差 　　　　　　(单位:mm)

序号	项　目	允许偏差	序号	项　目	允许偏差
1	孔径	±0.5	3	孔距	±1.0
2	孔位	±0.5	4	孔垂直度	孔深/50

注:孔位与孔距偏差之和不得大于±1.0。

2. 通槽(短平槽)式

开槽质量控制是保证设计落实的重要措施,设计即使做得准确完整,在施工时不进行质量控制,也不能取得好的效果。

用砂轮开槽要以外表面为定位基准,在施工时要在专用设备上开槽,用手提式砂轮要在施工机具上设定厚片以保证槽与外表面平行等距,如图 4-16、图 4-17 和图 4-18 所示。

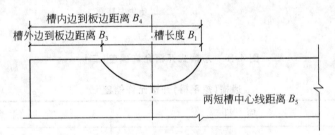

图 4-16　砂轮开槽定位基准图

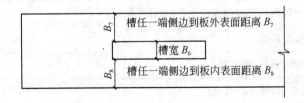

图 4-17　短槽式开槽允许偏差(一)

通槽(短平槽)开槽允许偏差见表 4-19。

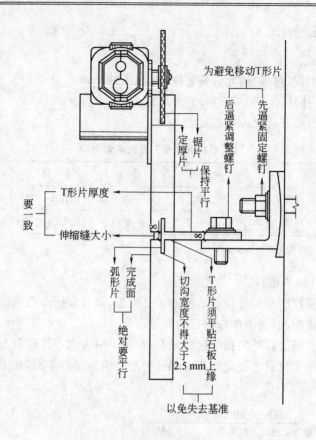

图 4-18　短槽式开槽允许偏差(二)

表 4-19　　　　　通槽(短平槽)开槽允许偏差　　　　(单位:mm)

序号	项　目	允 许 偏 差
1	槽宽	±0.5
2	槽任一端侧边到板外表面距离	±0.5
3	槽任一端侧边到板内表面距离(含板厚偏差)	±1.5
4	槽深角度偏差	槽深/20
5	(短平槽)槽长(槽底处)	±2.0
6	两(短平槽)槽中心线距离	±2.0
7	(短平槽)外边到板端边距离	±2.0
8	(短平槽)内边到板端边距离	±3.0

3. 弧形短槽式

弧形短槽式开槽允许偏差应符合表 4-20 的要求。

表 4-20　　　　　弧形短槽开槽允许偏差　　　　　（单位：mm）

序号	项　目	允许偏差
1	砂轮直径允许偏差	+1，-2
2	槽长度允许偏差 B_1	±2
3	槽外边到板边距离 B_3	±2
4	槽内边到板边距离 B_4	±3
5	两短槽中心线距离 B_5	±2
6	槽宽 B_6	±0.5
7	槽深角度偏差	矢高/20
8	槽任一端侧边到板外表面距离 B_7	±0.5
9	槽任一端侧边到板内表面距离 B_8（含板厚偏差）	±1.5

4. 背栓式

钻孔要用背栓式石材自动钻孔机钻孔，不宜采用手提式钻孔机钻孔，孔位与孔距允许偏差见表 4-18，钻孔允许偏差见表 4-21。

表 4-21　　　　　钻孔允许偏差

序号		M6	M8	M10-12
1	d_z（允差为 +0.4　-0.2）	$\phi 11$	$\phi 13$	$\phi 15$
2	d_h（允差为±0.3）	$\phi(13.5\pm0.3)$	$\phi(15.5\pm0.3)$	$\phi(18.5\pm0.3)$
3	H_v（允差为 +0.4　-0.1）	10,12,15,18,21	15,18,21,25	5,18,21,25

第五节　半成品保护

半成品保护是指从加工厂制成的加工组件，如玻璃幕墙已打完胶的玻璃框架等的保护。做好半成品的保护，可以保证施工的质量和进度。

一、半成品保护方法

半成品保护的方法有护、包、盖、封四种。

（1）护，就是提前保护。如为了防止玻璃面、铝型材污染或挂花，在其上贴一保护膜等。

(2)包,就是进行包裹,以防损坏或污染,如幕墙组件在运往施工现场的过程中进行的包装等。

(3)盖,就是表面覆盖,以防损伤和污染。

(4)封,就是局部封闭,防止损伤和污染。

此外,应加强教育,要求作业人员倍加注意爱护和保护半成品。在加工工程中,有时还会发生已加工好的部件丢失现象。因此,还应采取一定的防盗措施。

二、半成品保护措施

1. 加工制作阶段的保护措施

(1)型材加工、存放所需台架等均垫木方或胶垫等软质物。

(2)型材周转车、工器具等,凡与型材接触部位均以胶垫防护,不允许型材与钢质构件或其他硬质物品直接接触。

(3)玻璃周转用玻璃架,玻璃架上采取垫胶垫等防护措施。

(4)玻璃加工平台需平整,并垫以毛毡等软质物。

(5)型材与钢架之间垫软质物隔离。

2. 产品包装阶段的保护措施

(1)产品经检查及验收合格后,方可进行包装。

(2)包装工人按规定的方法和要求对产品进行包装。

(3)型材包装应尽量将同种规格的包装在一起,防止型材端部毛刺划伤型材表面。

(4)型材包装前应将其表面及腔内铝屑擦净,防止划伤。

(5)型材包装采用先贴保护胶带,然后外包带塑料膜的牛皮纸的方法。

(6)工人在包装过程中发现型材变形、表面划伤、气泡、腐蚀等缺陷或在包装其他产品时发现质量问题应及时向检验人员提出。

(7)产品在包装及搬运过程中应避免装饰表面的磕碰、划伤。

(8)对于截面尺寸较大的型材(竖框、横框、窗框、斜杆等)即最大一侧表面尺寸宽 40 mm 左右的,采用保护胶带粘贴型材表面,然后进行外包装。

(9)对于截面尺寸较小的型材(各种副框)应视具体尺寸用编织带成捆包装。

(10)不同规格、尺寸、型号的型材不能包装在一起。

(11)对于组框后的窗或副框等尺寸较小者可用纺织带包裹,避免相互擦碰。

(12)包装应严密牢固,避免在周转运输中散包。

(13)产品包装时,在外包装上用毛笔写明或用其他方法注明产品的名称、代号、规格、数量、工程名称等。

(14)包装完成后,如不能立即装车发送现场,要放在指定地点,要摆放整齐。

第五章　幕墙工职业健康安全与班组管理

第一节　职业健康安全管理

一、一般规定

(1)建筑幕墙工程施工必须坚持安全第一,预防为主的方针。

(2)生产班组(队)在接受生产任务时,应同时组织班组(队)全体人员听取安全技术措施交底讲解,凡没有进行安全技术措施交底或未向全体作业人员讲解,班组(队)有权拒绝接受任务,并提出意见。

(3)幕墙制作作业人员,必须首先参加安全教育培训,考试合格方可上岗作业,未经培训或考试不合格者,不得上岗作业。

(4)从事特种作业的人员,必须进行身体检查,无妨碍本工种的疾病和具有相适应的文化程度。

(5)不满18周岁的未成年工,不得从事建筑幕墙工程施工工作。

(6)服从领导和安全检查人员的指挥,工作时思想集中,坚守作业岗位,未经许可,不得从事非本工种作业,严禁酒后作业。

(7)幕墙制作工必须熟知本工种的安全操作规程和安全生产制度,不违章作业,对违章作业的指令有权拒绝,并有责任制止他人违章作业。

(8)班组(队)长,每日上班前,必须召集所辖班组(队)全体人员,针对当天任务,结合安全技术措施内容和作业环境、设施、设备安全状况及本班组(队)人员技术素质、安全知识、自我保护意识以及思想状态,有针对性地进行班前活动,提出具体注意事项,跟踪落实,并做好活动记录。

(9)班组(队)长和班组(队)专(兼)职安全员必须每日上班前对作业环境、设施、设备进行认真检查,发现安全隐患,立即解决;重大隐患,报告领导解决,严禁冒险作业。作业过程中应巡视检查,随时纠正违章行为,解决新的安全隐患;下班前进行确认检查,机电是否拉闸、断电、门上锁,施工垃圾自产自清,日产日清,活完料净场地清,确认无误,方可离开作业区域。

(10)按照作业要求正确穿戴个人防护用品,着装要整齐;严禁赤脚、穿拖鞋、高跟鞋进入作业区域。

(11)加工区域的各种安全设施、设备和警告、安全标志等未经领导同意不得任意拆除和随意挪动。

二、人员安全与健康

1. 人员安全

(1)建立完善的安全管理制度。

针对工程性质制定完善的安全管理制度;明确安全生产责任制;严格安全检查制度;完备安全教育制度;建立健全安全管理体系。

(2)现场措施。

1)当作业人员操作焊接、喷涂、切割等有强光作业、粉尘作业、强噪声等作业时,应佩戴护目镜、面罩、口罩、耳塞等防护器具上岗。

2)加工区域内挂安全提示板,定期对各种安全设施和劳动保护器具进行检查和维修。将安全隐患遏制在事故发生之前。

2. 人员健康

(1)除了通常配备的隔油池、化粪池、垃圾池、沉淀池外,还为作业人员配备淋浴间、电话间、医疗室等设施。在节假日期间,举行各种形式文娱晚会,丰富人们的业余文化,满足人们的业余文化需求。

(2)作业区、工人休息区分开布置。作业时,应开启所有窗户或采取用风机强制通风的措施,避免员工中毒、尘肺。

(3)新工人上岗前进行体格健康检查,特殊工种、有毒有害工种按《职业病防治法》定期做健康检查,检查后发现有不适宜继续作业的人员,应调换安排相适应的工作。

(4)办公室、工人休息室、食堂、浴室等内部设施整齐干净,照明通风均符合职业安全卫生要求,夏季对上述地点还要派专人灭蚊灭蝇,保持环境干净。

(5)食堂的设置需经当地卫生防疫部门的审查、批准,要严格执行食品卫生法和食品卫生有关管理规定。建立食品卫生管理制度,要办理食品卫生许可证。所有炊事员持健康证上岗,并每年定期复查炊事员健康状况,状况不良不得上岗。

(6)食堂内外要整洁,饮具用具必须干净,无腐烂变质食品。操作人员上岗必须穿戴整洁的工作服并保持个人卫生,食堂要做到生熟食品分开操作的保管。食堂设专人定点采买清真食物、普通食物,目的一是保证食品卫生和质量;二是尊重用餐人民族习惯。

第二节　技术总结

技术总结是对一定时期内的技术工作加以总结、分析和研究,肯定技术方法,找出技术问题,得出经验教训,用于指导下一阶段技术工作的一种书面文体。

它所要解决和回答的中心问题,是对某种技术工作实施结果的总鉴定和总结论,是对技术工作实践的一种理性认识。

一、技术总结的种类

(1)按范围划分。

1)地区技术总结;

2)单位技术总结;

3)部门技术总结;

4)个人技术总结。

(2)按时间划分。

1)月份技术总结;

2)季度技术总结;

3)年度技术总结。

二、技术总结的特点

(1)客观性。

技术总结是对过去技术工作的回顾和评价,因而要尊重客观事实,以事实为依据。

(2)典型性。

技术总结出的经验教训是基本的、突出的、本质的、有规律性的东西,对以后的工作有帮助作用。

(3)指导性。

通过技术总结,深知过去工作的成绩与失误及其原因,吸取经验教训,指导将来的工作,使今后少犯错误,取得更大的成绩。

三、技术总结的内容

技术情况不同,总结的内容也就不同,总的来说,一般包括以下几个方面。

(1)基本情况。

包括技术工作的有关条件、工作经过情况和一些数据等。

(2)成绩、缺点。

这是技术总结的中心重点。总结的目的就是要肯定成绩,找出缺点。

(3)经验教训。

在写技术总结时,须注意发掘事物的本质及规律,使感性认识上升为理性认识,以指导将来的技术工作。

四、技术总结的格式和构成

(1)技术总结的格式。

总结的格式,也就是总结的结构,是组织和安排材料的表现形式。其格式不固定,一般有以下几种。

1)条文式。条文式也称条款式,是用序数词给每一自然段编号的文章格式。通过给每个自然段编号,总结被分为几个问题,按问题谈情况和体会。这种格式有灵活、方便的特点。

2)两段式。总结分为两部分:前一部分为"总",主要写做了哪些工作,取得了什么成绩;后一部分是"结",主要讲经验、教训。这种总结格式具有结构简单、中心明确的特点。

3)贯通式。贯通式是围绕主题对工作发展的全过程逐步进行总结,要以各个主要阶段的情况、完成任务的方法以及结果进行较为具体的叙述。常按时间顺序叙述情况、谈经验。这种格式具有结构紧凑、内容连贯的特点。

4)标题式。把总结的内容分成若干部分,每部分提炼出一个小标题,分别阐述。这种格式具有层次分明、重点突出的特点。

一篇总结,采用何种格式来组织和安排材料,是由内容决定的。所选结论应反映事物的内在联系,服从全文中心。

(2)技术总结的构成。

总结一般是由标题、正文、署名和日期几个部分构成的。

1)标题。标题,即总结的名称。标明总结的单位、期限和性质。

2)正文。正文一般又分为三个部分:开头、主体和结尾。

①开头。或交代总结的目的和总结的主要内容;或介绍工作的基本情况;或把所取得的成绩简明扼要地写出来;或概括说明指导思想以及在什么条件下做的总结。不管以何种方式开头,都应简练,使总结很快进入主体。

②主体。是总结的主要部分,是总结的重点和中心。它的内容就是总结的内容。

③结尾。是总结的最后一部分,对全文进行归纳、总结。或突出成绩;或写今后的打算和努力的方向;或指出工作中的缺点和存在的问题。

3)署名和日期。如果总结的标题中没有写明总结者或总结单位,就要在正文右下方写明。最后还要在署名的下面写明日期。

五、技术总结写作的基本要求

不论何种格式的技术工作总结,其写作都应遵循以下要求。

(1)掌握客观事实,广泛占有材料。

(2)对占有的材料做认真的分析研究。

(3)反映特点,找出规律。

这是撰写技术总结的重点。好的总结应当总结出那些具有典型意义的、反映技术特点的以及带规律性的经验教训。

(4)具体写作过程中的要求：

1)编好写作提纲。在编写的提纲中，要明确回答想写什么问题，哪些问题是主要问题等。就是简单的总结，不写提纲，也得有个腹稿。

2)交代要简要，背景要鲜明。总结中的情况叙述必须简明扼要。对工作成绩的大小以及工作的先进、落后，叙述一般要用比较法，通过纵横比较，使得背景鲜明突出。

3)详略须得当。根据总结的目的及中心，对主要问题要详写，次要的要略写。

第三节 班组管理

一、班组管理的内容和特点

1. 建筑企业班组管理的内容

班组管理的内容是由班组的中心任务决定的，或者说是围绕着其中心任务来展开的，建筑企业班组的中心任务一般来说是：在不断提高职工的政治、技术素质和完善岗位经济责任制的基础上，以提高经济效益为中心，全面完成工程处（工区）、施工队、车间或项目承包班子下达的施工生产任务。建筑企业班组管理的具体内容主要有：

(1)组织生产活动，完成施工任务。

(2)抓好全面质量管理。

(3)做好劳动工资和生活福利的管理。

(4)加强班组机具设备、材料及能源的管理，搞好文明施工。

(5)落实岗位经济责任制，做好经济核算工作、努力增加效益。

(6)做好班组基础资料的建设与管理。

(7)做好思想政治工作，加强职业道德教育和文化技术培训，塑造团队精神，加强民主管理，发挥工人群众的主人翁作用，积极参与班组管理和企业管理。

2. 班组管理的基本特点

(1)具体性。

班组管理的具体性是指，班组管理是具体实施上级下达的施工生产计划，完成各项具体的经济技术指标。企业的目标计划就是分解为具体的经济技术指标和工作计划落实到班组而最终完成的。班组在实施这些计划的过程中所遇到的来自生产、劳动、质量、安全、材料、设备以及职工思想、生活等各方面的问题，都是实实在在的具体问题。班组管理就是要合理、及时地解决这些问题，保证计划的完成。所以说，班组管理就是解决和处理一系列具体问题的过程。

（2）细致性。

班组管理的细致性是指，班组管理必须认真、仔细、周密地考虑、计划、安排和处理每一项工作和每一个问题。班组的每一项工作都是整个施工生产的一个基本要素或基本环节，哪一个环节出了问题，都会影响到整个工程的进度或质量，影响到企业的声誉和效益。因此，班组在执行计划的整个过程中，必须认真分析、仔细考虑、周密安排，把好每一道关。

（3）全面性。

班组管理的全面性是指，班组管理的内容广泛，涉及方方面面。班组是企业各项工作的落脚点。班组不仅要组织施工生产，还要抓好工人的学习和生活；不仅要管工地，还要管家庭。大到计划组织、技术质量，小到生活娱乐、吃住冷暖，无所不管。特别是建筑企业班组作业面大、人员分散、地点不固定、队伍流动性大，管理工作更是纷繁庞杂，面面俱到。

二、班组管理的一般方法

（1）建立健全各项规章制度和班规班约。
（2）"知人善任"，充分发挥每一个成员的长处。
（3）以身作则，起好模范带头作用。
（4）把思想政治工作与关心群众需要结合起来。
（5）坚持群众路线，群策群力搞好班组管理。

三、班组资料管理

班组资料包括：基础资料、技术资料以及一系列规章制度。

1. 班组基础资料

（1）任务书。

任务书又称工程任务单、施工任务单或加工单，主要包括工程项目、工程量（计划与实际完成）、定额标准（劳动定额）、材料消耗、质量安全及班组出勤情况等。

（2）领料单。

领料单是任务书的组成部分，它是根据材料消耗定额向班组下达用料限额并核算其经济效果的原始记录，也是在限额领料制度下班组领用材料的惟一凭证。领料单应随同任务书同时下达和结算。

（3）班组工作台账。

班组工作台账是班组验收的必备资料。班组工作台账应填写组员姓名，性别，年龄，文化程度，政治面貌，职务，家庭地址以及变动情况。

（4）班组月奖金分配表。记录每个人的月奖分配额。

（5）考勤表。按月份填写班组出勤人员，应出勤人员，应出勤工日，实出勤工日,缺勤情况(病假、工伤、事假、矿工等),以及月出勤率。

(6)质量自检评定表。填写检验批工程名称,自检时间,目测情况,实测检查(总点数、合格数、合格率),评定等级以及质量检查员的意见。

(7)安全活动日情况记录。记录活动日期,地点,主持人,参加人数,活动内容,安全问题及解决意见。

(8)文化、技术、政治学习情况表。记录学习时间,学习主持人,学习内容和活动情况。

(9)班组季度工作总结。记录小结时间,小结主持人以及基层行政工会组织意见。

(10)班组日记。班组日记是对本班组情况的日纪实,其主要内容如下:

1)日期、气候;

2)当日班组工作内容及完成任务情况;

3)操作人员出勤、变动情况;

4)施工机具故障及处理情况;

5)技术革新及节约材料情况;

6)班组质量、安全情况,有无返工及安全事故;

7)QC 小组活动情况;

8)班组交底及学习情况;

9)班组重大活动记事。

2. 班组技术资料

班组技术资料包括:与幕墙制作有关的现行国家技术规范、检验标准;各项施工工艺卡;技术和安全交底;施工图纸及施工说明书;机具的使用和维修说明书;新材料的性能及使用说明书等。

3. 规章制度

规章制度包括公司、项目部有关针对班组的各项管理规定;各种工管员的职责;文明宿舍管理规定;进入施工现场的各项管理制度;各项奖罚条例等。

附录

附录一　幕墙制作工职业技能标准

第一节　一般规定

幕墙制作工职业环境为室内、室外、高空、常温条件下。

第二节　职业技能等级要求

一、初级幕墙制作工

1. 理论知识

(1)基本看懂加工图、装配图、结构图；

(2)了解民用建筑基本知识；

(3)了解常用幕墙材料的品种、性能和用途；

(4)了解密封胶的种类、性能及用途；

(5)了解常用幕墙加工设备、机具的操作性能和用途；

(6)掌握幕墙构件的加工制作、包装、运输和存放要求；

(7)掌握注胶工作环境及温度、湿度、清洁度的要求；

(8)基本掌握本工种制作加工工艺、质量验收要求及安全措施。

2. 操作技能

(1)能根据施工图设置预埋件；

(2)铝合金型材、铝合金板块的下料、钻孔、锣榫、冲切等加工制作；

(3)构件组角、门窗组装、铝板组件等加工制作；

(4)使用清洁剂对各种材质被黏结部位表面进行正确清理；

(5)注结构胶操作；

(6)加工设备、打胶机具、设备的使用与维护；

(7)常用手动、电动、气动工具的使用及维护。

二、中级幕墙制作工

1. 理论知识

(1)看懂加工图，明确设计要求；

(2)熟悉各种幕墙制作技术规范及检验标准；

(3)熟悉幕墙构件加工制作工艺和注胶工艺；

(4)掌握切胶剥离试验及胶的现场品质试验；

(5)了解幕墙材料的选材原则；

(6)熟悉新型玻璃、耐候密封胶、结构密封胶的品种、牌号、性能及使用方法；

(7)熟悉各类加工设备的使用与维护方法；

(8)具有班组管理能力。对幕墙制作初级工进行技术指导。

2. 操作技能

(1)各种材料和板块的下料、钻孔、锣榫、铣加工等作业；

(2)复杂构件、门窗组装等加工制作；

(3)玻璃、金属、石材幕墙注胶操作；

(4)常用加工机具、设备的保养及故障排除；

(5)对幕墙制作初级工操作难点进行示范指导。

三、高级幕墙制作工

1. 理论知识

(1)看懂复杂加工图并参加图纸审核；

(2)了解幕墙相关技术规范及标准；

(3)了解幕墙加工技术及新技术推广应用状况；

(4)掌握装胶、配胶的技术要求及各种参数对质量的影响；

(5)了解 ISO9000 质量体系一般知识；

(6)对幕墙制作初、中级工进行理论辅导与技术指导。

2. 操作技能

(1)本工种加工操作技术难点的示范及指导；

(2)复杂构件的加工制作；

(3)加工中心等先进自动化设备的操作；

(4)熟悉底涂液的品种及使用方法；

(5)掌握温度、湿度对各种胶固化的影响及注胶过程中可能产生的意外情况及应急处理方法；

(6)装胶、配胶、混胶或辅助材料技术操作关键示范；

(7)准确判定注胶质量；

(8)解决本工种加工中出现的疑难问题；

(9)检查、排除、处理本工种加工中出现的重大技术隐患；

(10)参与实施和完善现场管理的各项规章制度及安全生产措施；

(11)对幕墙制作初、中级工进行操作技能培训指导。

四、幕墙制作工技师

1. 理论知识

(1)看懂工程结构大样图；

(2)能绘制幕墙加工工艺规程(卡);

(3)了解高空吊运设备及操作知识;

(4)熟悉成品及半成品的保护、安装方法;

(5)参与制定本职业岗位责任制度;

(6)及时了解新技术、新材料、新工艺、新设备信息;

(7)使用计算机进行文字处理;

(8)撰写技术总结。

2. 操作技能

(1)参与制定加工工艺、对构件加工提出工艺要求;

(2)组织加工技术攻关,解决技术难题;

(3)参与招投标成本核算工作;

(4)能够进行工、料计算分析;

(5)一般非标加工工艺装备的设计、制作;

(6)具有常用幕墙材料的识别、品质鉴定能力;

(7)本工种技术操作难点及技艺示范;

(8)对中、高级工进行技术培训。

五、幕墙制作工高级技师

1. 理论知识

(1)参与图纸会审与技术交底;

(2)全面掌握幕墙制作工加工制作组织原则及组织方案;

(3)熟悉本工种加工工艺并具有技术协调能力;

(4)初步掌握建筑装饰装修构造基本原理;

(5)制定各种幕墙加工工艺;

(6)具有本工种全面质量控制能力;

(7)提出新技术、新材料、新工艺、新设备应用方案。

(8)掌握计算机绘图。

2. 操作技能

(1)绘制本工种构件加工流程图,参与制定工艺装备方案;

(2)提出工艺设计方案、解决工艺技术难题;

(3)提出材料、用工、设备选用方案;

(4)设计本工种加工生产组织方案;

(5)处理解决本工种工程质量事故难题;

(6)参与零部件及原材料进场复验工作;

(7)指挥起重工进行高空吊运;

(8)本工种技术操作难点示范及技艺传授;

(9)对高级工、技师进行技术培训。

附录二　幕墙制作工职业技能考核试题

一、填空题(10题,20%)

1. ___铝铜结合___不是门窗幕墙使用的复合材料。

2. ___镀锌___不是铝型材表面处理方法。

3. ___普通平板玻璃___不是深加工玻璃制品。

4. ___半钢化玻璃___不属于安全玻璃。

5. ___水磨石___不是天然石材。

6. 手动真空吸盘是用来粘运玻璃的工具,是利用___大气的压力___将圆盘紧紧的吸在玻璃表面。

7. ___注胶机___是用来给胶缝打胶的专用工具。它的作用是挤压胶筒,使胶粘剂均匀流出。

8. ___禁止标志___是禁止人们不安全行为的图形标志。其基本形式为带斜杠的圆形框,颜色为白底、红圈红杆黑图案。

9. 眼防护用品主要是___护目镜___,如焊接用护目镜和面罩。

10. 高外坠落防护用品主要是___安全带___、安全绳、安全网。

二、判断题(10题,10%)

1. 幕墙是一种悬挂于建筑物主体结构框架外侧的外墙围护构件。　　　(√)

2. 用于幕墙的材料有各种玻璃、金属板、天然石材板、人造板、复合材料板、以及其他新型材料。　　　(√)

3. 金属板幕墙从结构体系可划分为型钢骨架体系、铝合金型材骨架体系及无骨架金属板幕墙体系等。　　　(√)

4. 板材墙以钢筋混凝土板材,加气混凝土板材为主,建筑幕墙属于此类。
　　　(√)

5. 玻璃同钢材、水泥、木材一样已成为现代建筑的四大材料之一。　　　(√)

6. 玻璃幕墙用的密封胶有结构密封胶、建筑密封胶(耐候胶),中空玻璃二道密封胶等。　　　(√)

7. 工作台是钳工划线、钻孔、攻丝、除毛刺以及装配工作中必备的设备。

8. 隐框玻璃幕墙的破坏主要是结构密封胶黏结失效造成的,隐框玻璃幕墙是否安全可靠取决于黏结的是否可靠。　　　(√)

9. 不同牌号结构密封胶的胶缝厚度是不同的,如果需要代用,应由设计人员计算后重新确定厚度。　　　(√)

10. 操作人员应严格把住"质量关",不合格的材料不使用,不合格的工序不

交接,不合格的工艺不采用,不合格的工程(产品)不交工。　　　　　　　(　√　)

三、选择题(20题,40%)

1. 玻璃幕墙按立面装饰形式一般分为:　A

A. 有框、无框玻璃幕墙

B. 型钢框、铝合金框玻璃幕墙

C. 明框、半隐、全隐框玻璃幕墙

D. 全玻璃幕墙和点式幕墙

2. 石材板幕墙是一种独立的围护结构体系,当主体结构为框架结构时,应先将专门设计的独立金属架体系悬挂在主体结构上,然后通过　A　将石材饰面板吊挂在金属骨架上。

A. 金属挂件　　　B. 石材板　　　C. 金属骨架　　　D. 主体结构

3. 　B　不是玻璃幕墙常用玻璃。

A. 钢化玻璃　　　B. 有机玻璃　　　C. 夹胶玻璃　　　D. 中空玻璃

4. 对于铝门窗幕墙产品发展方向,下列哪种说法不正确　D　。

A. 产品必须在标准化、系列化上下功夫

B. 抓好多品种配套

C. 从建筑艺术效果上,向纵深发展

D. 设计和加工上,无需与土建配合协调

5. 对装配要求特别高的幕墙铝型材应选用　D　。

A. 高精级　　　B. 普通级　　　C. 普精级　　　D. 超高精级

6. 在工厂中配好的幕墙结构密封胶为　B　。

A. 双组分中性结构胶　　　　　B. 单组分中性结构胶

C. 氯丁密封胶　　　　　　　D. 聚硫密封胶

7. 用两块厚0.8~1.2 mm及1.2~1.8 mm的铝板,夹在不同材料制成的蜂巢状中间夹层两面,组成的材料是　C　。

A. 单层铝板　　　　　　　B. 复合铝板

C. 蜂窝铝板　　　　　　　D. 铝塑板

8. 以高度自动化的浮法工艺生产的高级平板玻璃是　C　。

A. 平板玻璃　　　　　　　B. 钢化玻璃

C. 浮法玻璃　　　　　　　D. 吸热玻璃

9. 将玻璃均匀加热到接近软化温度,用高压空气等冷却介质使其骤冷或用化学方法对其进行离子交换处理,使其表面形成压应力层,从而获得的机械强度高,抗热震性能好的玻璃称为　C　。

A. 平板玻璃　　　　　　　B. 夹层玻璃

C. 钢化玻璃　　　　　　　　　D. 防火玻璃

10．耐候硅酮密封胶必须是　D　，酸碱性胶不能用，否则会对铝合金和结构硅酮密封胶带来不良影响。

A. 双组分胶　　　　　　　　　B. 单组分碱性胶
C. 单组分酸性胶　　　　　　　D. 单组分中性胶

11．　A　的固化机理是靠向基胶中加入固化剂并充分搅拌混合以触发密封胶固化，固化时表里同时进行固化反应。

A. 双组分结构胶　　　　　　　B. 单组分结构胶
C. 氯丁密封胶　　　　　　　　D. 聚硫密封胶

12．用单组分密封胶涂胶的组件在规定环境中养护 21 天以上，要对试验样品进行　C　。

A. 扯断实验　　　　　　　　　B. 蝴蝶试验
C. 剥离试验　　　　　　　　　D. 切开试验

13．以高度自动化的浮法工艺生产的高级平板玻璃是　D　

A. 平板玻璃　　　　　　　　　B. 夹丝玻璃
C. 压花玻璃　　　　　　　　　D. 浮法玻璃

14．　D　用于结构玻璃装配，有单组分与双组分两种。

A. 聚硫密封胶　　　　　　　　B. 氯丁密封胶
C. 硅酮密封胶　　　　　　　　D. 结构密封胶

15．　A　是提醒人们对周围环境引起注意，以避免可能发生危险的图形标志。其基本形式正三角形边框，颜色为黄底黑边图案。

A. 警告标志　　　　　　　　　B. 禁止标志
C. 指令标志　　　　　　　　　D. 提示标志

16．头部防护用品主要是　D　，它能使冲击分散到尽可能大的表面，并使高空坠落物向外侧偏离。

A. 防尘口罩　　　　　　　　　B. 防毒面具
C. 护目镜　　　　　　　　　　D. 安全帽

17．在各种颜色的硅酮密封胶中，一般在室外采用的是　C　。

A. 白色　　　B. 蓝色　　　C. 黑色　　　D. 棕色

18．注完胶的玻璃组件　D　

A. 应抽样作剥离试验
B. 可以搬运安装施工
C. 应抽样作切胶检验
D. 应及时移至静置场地静置养护

19．　D　是按照施工工艺的要求由单一的专业工种组成的班组，如机加班、打胶班、包装班等。

A. 特定班组   B. 青年突击队

C. 混合班组   D. 专业班组

20.注胶后的成品玻璃组件可采用___B___试验检验结构密封胶的固化程度。

A. 蝴蝶   B. 作切   C. 剥离   D. 胶杯

四、问答题(4题,30%)

1.简述幕墙制作工的职能。

答:职能主要包括:

(1)了解幕墙常用材料的牌号和性能;

(2)了解常用加工设备和机具的操作性能;

(3)掌握型材、面板的下料与加工;

(4)掌握幕墙构件(元件)的组装;

(5)掌握打结构胶和密封胶的操作;

(6)掌握材料、半成品及成品的包装、运输和存放;

(7)基本掌握加工工艺和质量验收要求。

2.简述幕墙的特点。

答:幕墙又称为悬吊挂墙,它是指悬吊挂于主体结构外侧的轻质围墙。这类墙体既要求轻质,又要满足自身强度、保温、防水、防风砂、防火、隔声、隔热等诸多要求。幕墙之所以能在很短的时间内在建筑的各个领域内得到广泛地应用和推广,是因为它有其他材料无法比拟的独特功能和特点:艺术效果好;重量轻;安装速度快;更新维修方便;温度应力小。

3.简述幕墙生产常用机床设备的用途。

答:(1)切割机:切割机是用于切断铝型材的专用设备,由动力头带动锯片工作,因此也常常叫做下料锯。包括双头切割机和单头切割机。

(2)冲压机,装配前的许多加工工序都可以在冲压机上使用相应的冲模加工,可省掉加工件的划线,加工尺寸精确,生产效率高,对批量生产尤为有利。

(3)铣床,加工铝型材的铣床以立铣为主,主要有仿形铣床和端面铣床。

(4)钻床,型材上的各种孔除在冲床上加工的以外,均需由钻床加工。可采用台钻或立钻,多工位钻床适用于批量生产。

(5)铆角机,切割成斜角的窗扇(框)角的连接,采用将角码涂上胶粘剂插入空心型材腔内,然后在铆角机上挤压固定。

(6)注胶机,隐框幕墙结构胶施工中,当采用双组分结构胶时,需要用专用注胶机来生产。使用时应严格按使用说明书的规定操作。

4.简述结构玻璃装配如何净化。

答:(1)净化材料。

对油性污渍:二甲苯或甲、乙酮;对非油性污渍:异丙醇,水各 50％的混合剂。将清洁剂倒置进行观察,应无混浊等异常现象后方可使用。

(2)净化方法。

用"干湿布法"(或称"二块布法")清洁框料和玻璃:将合格的清洁剂倒入干净的白布后,先用沾有清洁剂的白布清洁粘贴部位,接着在溶剂未干之前用另一块干净的白布将表面残留的溶剂、松散物、尘埃、油渍和其他脏物清除干净。禁止用抹布重复沾入溶剂内,已带有污渍的抹布不允许再用。将溶剂倒(挤)在一块抹布上,对基材表面进行擦抹,在溶解了污渍的溶剂未挥发前,用一块干净的抹布将溶解了污渍的溶剂擦抹干净(如果这块抹布已脏要再换一块干净的抹布)。不能在溶剂挥发后再擦,因为溶剂挥发后,污渍仍残留在基材表面,干抹布是擦不掉的。抹布要用不脱色,不脱绒的棉布,同时要注意溶剂只能倒(剂)到抹布上,不能用抹布到容器内去蘸溶剂,以防止已沾有污渍的抹布污染了溶剂。净化后 10～15 分钟内要立即进行涂胶,因为如净化后停留的时间太久,基材表面又会受到周围环境中污染物(如灰尘)的污染,这时要重新净化后才能涂胶。撕除框料上影响打胶的保护胶纸。

参 考 文 献

[1] 中国建筑科学研究院.建筑装饰装修工程质量验收规范(GB 50210—2001)[S].北京:中国建筑工业出版社,2003.

[2] 中国建筑科学研究院.玻璃幕墙工程技术规范(JGJ 102—2003)[S].北京:中国建筑工业出版社,2003.

[3] 中国建筑科学研究院.金属与石材幕墙工程技术规范(JGJ 133—2001)[S].北京:中国建筑工业出版社,2001.

[4]《建筑施工手册》(第四版)编写组.《建筑施工手册(第四版)第3分册》[M].北京:中国建筑工业出版社,2003.

[5] 中国建筑装饰协会培训中心.《建筑装饰装修幕墙工》[M].北京:中国建筑工业出版社,2003.

[6] 张芹、黄拥军.《金属与石材幕墙工程实用技术》[M].北京:机械工业出版社,2006.